これなら受かる

工事担任者試験
第1級 デジタル通信
[技術及び理論]

オーム社 [編]

まえがき

本書は，一般財団法人 日本データ通信協会（JADAC）が実施する国家試験「工事担任者」の第1級デジタル通信（DD第1種；2020年9月に試験名称の変更が総務省より公布されました）の受験対策問題集です．特に本書では，工事担任者第1級デジタル通信（DD第1種）の3科目（「電気通信技術の基礎」，「端末設備の接続のための技術及び理論（技術）」，「端末設備の接続に関する法規」）のうち「端末設備の接続のための技術及び理論（技術）」（以下，「技術及び理論」と表記）の過去に出題された問題を解説しています．

試験は毎年5月と11月の2回開催されますが，本書では2015（平成27）年度第1回から2020（令和元）年度第2回までの5年間，計10回分の問題を技術分野ごとに分類・整理して並べ直して解説しています．

本書の特長は，技術分野ごとに過去問題の解説を行っていることです．これによって，読者が試験問題の出題傾向を把握し，重点的な対策をとれるようになっています．また，問題解説では解答に至るまでの思考に沿った詳しい説明と関連の技術情報を掲載し，試験対策に必要十分な情報をコンパクトにまとめています．

これから試験対策の学習をはじめる読者にとっては，出題対象の技術分野や学習の進め方がわかりやすくなり，また，すでに学習を進めてきた読者にとっては自身の苦手分野を把握し，それらを含めたスキルの向上に役立つものと考えています．

本書の問題が一通り解けるようになってきたら，JADAC電気通信国家試験センターが公開している直近の過去問題を解いてみるとよいでしょう．本試験の形式で，試験時間を意識しながら問題を解いてみることも試験対策には重要です．

試験対策には本書のほかに，必要に応じて関連の書籍もあわせて学習することが必要と思いますが，本書では，解答に必要な技術知識も記載しているため，学習対象の技術分野の把握と関連するほかの書籍の選択にも有効と考えています．

本書を読み通すことで，読者の皆さまが工事担任者の資格を取得できることを心より願っています．そして，その力をもって，今後も発展がつづく情報通信ネットワークを支える技術者としてのさらなる力を身につけていただきたく思います．

2020年9月

オーム社

I 試験の出題分類

本書では，2015（平成 27）年度第 1 回から 2020（令和元）年度第 2 回までの 5 年間，計 10 回分の問題を，5 つの技術分野に分け，さらにそれらをいくつかの科目に分類し，科目ごとに，最近の試験問題から新しい順に解説を記載しています．

工事担任者の試験問題では，全く同じ問題，または計算問題でパラメータの数値が一部異なるものの解法が同じ問題が，別の時期の試験で出題されることがあります．本書では，このような問題については記述を省略し，省略した問題の出題時期をほかの同様問題の解説の中に明記しました．科目ごとの問題出題状況の一覧を表に示します（表内の表記は「問番号（小問番号)」を表します)．

問題出題状況

技術分野		出題科目	出題状況									
			令和1年	31 年度	平成 30 年度		平成 29 年度		平成 28 年度		平成 27 年度	
			第 2 回	第 1 回	第 2 回	第 1 回	第 2 回	第 1 回	第 2 回	第 1 回	第 2 回	第 1 回
1 章　端末設備の技術												
	1-1	ONU，DSU 等										
	1-2	IP-PBX，IP ボタン電話装置，IP 電話機等	1 問(2)	1 問(2)	1 問(2)	1 問(2)		1 問(2)		1 問(1)		
	1-3	LAN スイッチ，ハブ	1 問(3) 5 問(3)	1 問(3) 1 問(4)	5 問(3) 1 問(3)	1 問(3)	2 問(3) 2 問(4) 1 問(2) 5 問(3)	1 問(1)	1 問(3) 1 問(4) 2 問(1)	1 問(4)	1 問(4)	1 問(4)
		無線 LAN	1 問(4)		1 問(4)		1 問(4)	1 問(3)		1 問(3)	1 問(3)	1 問(3)
	1-4	電波妨害・雷サージ対策	1 問(5)	1 問(5)	1 問(5)	1 問(5)	1 問(5)	1 問(5)	1 問(5)	1 問(5)	1 問(5)	1 問(5)
2 章　ネットワークの技術												
	2-1	データ通信技術	2 問(1)	2 問(1)	2 問(1) 2 問(3)	2 問(1)		2 問(1) 2 問(4)	2 問(2)	2 問(2)	2 問(2)	2 問(2)
	2-2	ブロードバンドアクセスの技術	1 問(1) 2 問(2)	1 問(1) 2 問(2)	1 問(1) 2 問(2)	2 問(2) 1 問(1)	1 問(1) 2 問(2) 2 問(1)	2 問(2)	1 問(1) 2 問(3)		1 問(1)	1 問(1)
	2-3	IP ネットワークの技術	2 問(3) 2 問(4)	2 問(3) 2 問(4) 3 問(2)		2 問(3)	2 問(5)	2 問(3)	3 問(2)	3 問(4) 2 問(1) 2 問(3)	2 問(1) 2 問(5)	2 問(1) 2 問(4)
	2-4	MPLS を使用したネットワーク	2 問(5)	2 問(5)	2 問(4)	2 問(4)				2 問(5)	2 問(4)	2 問(5)
	2-5	ATM			2 問(5)	2 問(5)		2 問(5)	2 問(4)	2 問(4)	2 問(3)	2 問(3)
3 章　情報セキュリティの技術												
	3-1	情報セキュリティの概要と脅威	3 問(1) 3 問(3)	3 問(1) 3 問(4)	3 問(1)		3 問(4) 3 問(3)	3 問(1)	3 問(4)	3 問(1) 3 問(3)	3 問(1)	3 問(1)

技術分野		出題科目	出題状況									
			令和1年	31年度	平成30年度		平成29年度		平成28年度		平成27年度	
			第2回	第1回	第2回	第1回	第2回	第1回	第2回	第1回	第2回	第1回
	3-2	電子認証技術とデジタル署名技術	3問(2)		3問(2)		3問(2)	3問(2) 3問(3) 3問(4)		3問(2)	3問(2)	3問(2)
	3-3	端末設備とネットワークのセキュリティ	3問(4)	3問(3) 3問(5)	3問(3) 3問(4)	3問(1) 3問(2) 3問(3) 3問(4) 3問(5)	3問(1)	3問(5)	3問(3) 3問(1)		3問(4) 3問(3) 3問(5)	3問(3) 3問(4)
	3-4	情報セキュリティ管理	3問(5)		3問(5)		3問(5)		3問(5)	3問(5)		3問(5)
4章	接続工事の技術											
	4-1	事業用電気通信設備	4問(2)				4問(2)					
	4-2	光ケーブルの収容方式とビル内配線方式	4問(4)	4問(3) 5問(1)		4問(2) 5問(1)	4問(4) 5問(1)	4問(3) 5問(1)	4問(4)	5問(3)	4問(2) 4問(4)	4問(2)
		JIS X 5150の設備設計	4問(5) 5問(1)	4問(4) 4問(5) 5問(2)	4問(5) 5問(1)	4問(5) 5問(2)	4問(1) 4問(5)	4問(5) 4問(4) 5問(2)	4問(5) 5問(2)	4問(1) 4問(5) 5問(1) 4問(4)	4問(3) 4問(5) 5問(3)	4問(4) 4問(5)
		光ファイバ損失試験方法	4問(1) 5問(2)	4問(1) 5問(3)	5問(2) 4問(1)	4問(1) 4問(3) 5問(3)		4問(1) 5問(3)	4問(3) 5問(3) 4問(1) 5問(1)	5問(2) 4問(3)	4問(1)	5問(3) 4問(1)
	4-3	LANの設計・工事と試験	4問(3)	4問(2)	4問(2) 4問(3) 4問(4)	1問(4) 4問(4)	1問(3) 5問(2) 4問(3)	4問(2) 1問(4)	1問(2) 2問(5) 4問(2)	1問(2) 4問(2)	5問(1) 5問(2) 1問(2)	1問(2) 5問(1) 5問(2) 4問(3)
	4-4	IP-PBX，IPボタン電話装置の設計・工事と試験										
5章	工事の設計管理・施工管理・安全管理											
	5-1	安全管理										
	5-2	施工管理	5問(4)	5問(4)	5問(4)		5問(4)	5問(4)	5問(4)		5問(4)	5問(4)
	5-3	アローダイアグラム	5問(5)		5問(5)	5問(5)	5問(5)	5問(5)	5問(5)	5問(5)	5問(5)	5問(5)
	5-4	その他の工程管理用図表		5問(5)		5問(4)				5問(4)		

注：網掛け部分は，ほかに同様の試験問題があるため，記載を省略している試験問題

II 本書の使い方

紙面構成

本書では，穴埋めや選択の問題については答えに関係する箇所に下線を付しています．また，試験問題の解答や学習に役立てていただくために，各問題の解説と一緒に次の事項を記載しています．

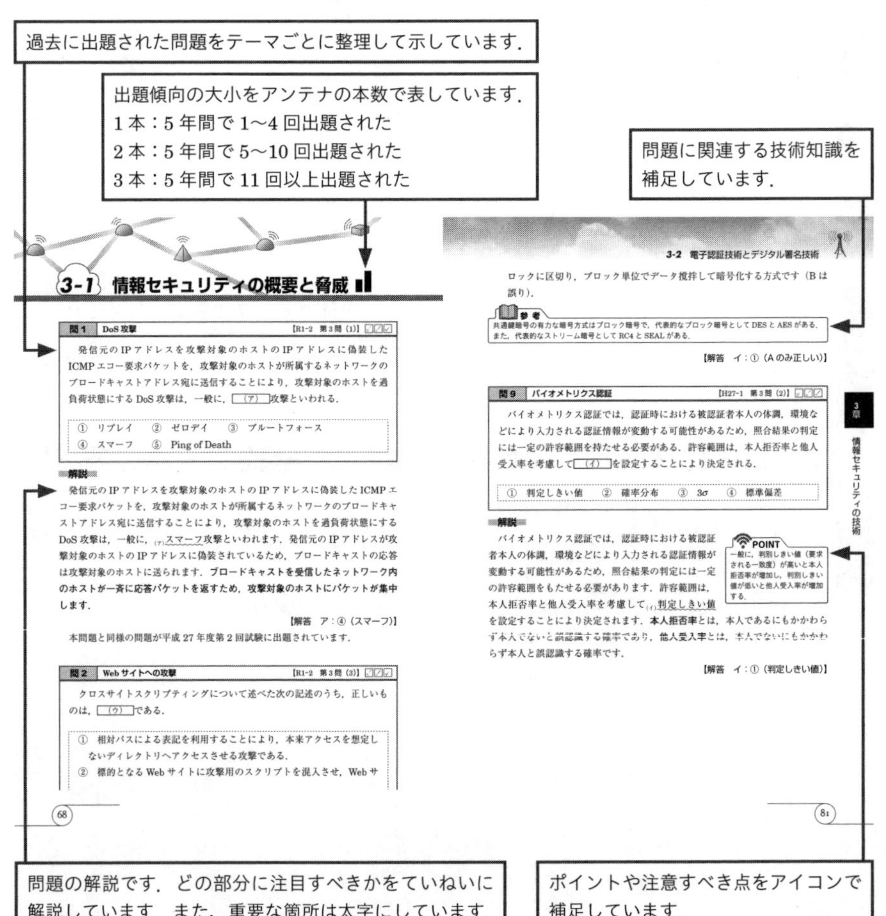

本書で使用しているアイコン

学習のポイント部分です．

問題を解く上で注意すべき部分を示します．

問題に関連する技術知識を補足しています．

問題の解答で考慮すべきポイント，ヒントなどを示します．

注意しよう！

本書では，平成 26 年度の試験問題から一部の図記号が新 JIS 記号に改められたことを受け，抵抗器などの図記号を新 JIS 記号に統一しています．

目　次

4章　接続工事の技術

5章　工事の設計管理・施工管理・安全管理

試験についてのお問合せ先

一般財団法人　日本データ通信協会　電気通信国家試験センター

〒 170-8585　東京都豊島区巣鴨 2-11-1　巣鴨室町ビル 6F

TEL：03-5907-6556

1章
端末設備の技術

本章の出題項目

1-1　ONU，DSU 等
1-2　IP-PBX，IP ボタン電話装置，IP 電話機等
1-3　LAN
　1-3-1　LAN スイッチ，ハブ
　1-3-2　無線 LAN
1-4　電波妨害・雷サージ対策

1-1 ONU，DSU 等

問 1 ONU

図は，GE-PON を使用した光アクセスネットワークの構成例である．この光アクセスネットワークを構成する（A）～（D）の装置名の組合せとして正しいものは，イ～ハのうち，（ア）である．

① イ　② ロ　③ ハ

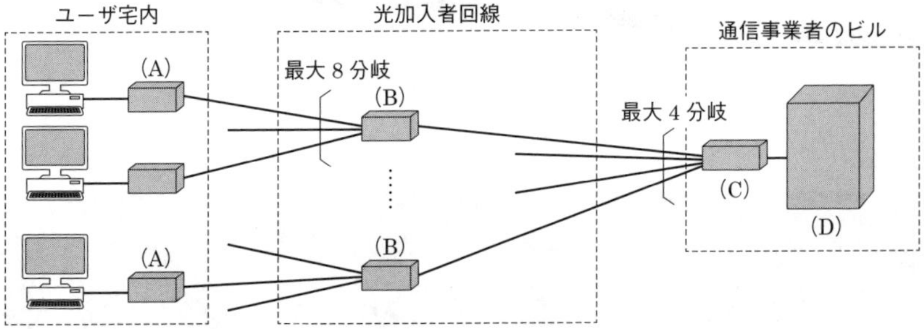

ユーザ宅内
光加入者回線
通信事業者のビル
最大 8 分岐
最大 4 分岐
(A)
(B)
(C)
(D)

	(A)	(B)	(C)	(D)
イ	ONU	光スプリッタ	メディアコンバータ	OLT
ロ	ONU	光スプリッタ	光スプリッタ	OLT
ハ	OLT	光スプリッタ	メディアコンバータ	ONU

解説

（A）は ONU（Optical Network Unit）で，ユーザ宅内にあって，光ファイバの光信号と端末（PC）の電気信号の変換を行います．（D）は OLT（Optical Line Terminal）で，通信局側の光回線終端装置であり，各ユーザ端末へ送信する光信号を合成して光回線に送出したり，光回線から受け取った信号をユーザ端末ごとに信号に分離したりします．（B）と（C）は光スプリッタで，OLT → ONU 方向の光信号の分岐，および ONU → OLT 方向の光信号の多重を行います．

【解答　ア：②（ロ）】

1-2 IP-PBX, IP ボタン電話装置, IP 電話機等

問1	SIP サーバ	【R1-2 第1問 (2)】

SIP サーバの構成要素のうち，ユーザエージェントクライアント（UAC）の登録を受け付ける機能を持つものは［（イ）］といわれる．

① リダイレクトサーバ　② ロケーションサーバ
③ レジストラ　④ プロキシサーバ
⑤ SIP アプリケーションサーバ

解説

・SIP サーバの構成要素のうち，ユーザエージェントクライアント（UAC）の登録を受け付ける機能をもつものは(イ)レジストラといわれます．レジストラで登録を受け付けたUAC の情報は，ロケーションサーバに格納されます．SIP サーバの種類は本節問 6 の解説を参照のこと．

【解答 イ：③（レジストラ）】

問2	IP-PBX	【H31-1 第1問 (2)】

IP-PBX について述べた次の二つの記述は，［（イ）］．

A　IP-PBX の設備形態には，利用者の事業所には物理的な PBX 装置を設置せず，利用者が端末からインターネットなどのネットワークを介して通信事業者などが提供する PBX 機能を利用するものがあり，一般に，この形態のものはクラウド型 PBX といわれる．

B　IP-PBX などで用いられている SIP は，IETF の RFC として標準化された呼制御プロトコルであり，IP 電話などにおいてセッションを確立・変更・終了するためのネットワーク層のプロトコルである．

① A のみ正しい　② B のみ正しい
③ A も B も正しい　④ A も B も正しくない

解説

・Aは正しい.

・IP-PBXなどで用いられているSIPは，IETFのRFCとして標準化された呼制御プロトコルであり，IP電話などにおいてセッションを確立・変更・終了するためのアプリケーション層のプロトコルです（Bは誤り）．なお，SIP（Session Initiation Protocol）はIETFのRFC3261で規定されています．

【解答　イ：①（Aのみ正しい）】

問3	IP-PBX	【H30-2　第1問（2）】

IP-PBXの種類などについて述べた次の二つの記述は，［（イ）］．

A　IP-PBXにはIP-PBX用に構成されたハードウェアを使用するハードウェアタイプと，汎用サーバにIP-PBX用の専用ソフトをインストールするソフトウェアタイプといわれる二つの種類があり，ハードウェアタイプは，一般に，ソフトウェアタイプと比較して新たな機能の実現や外部システムとの連携が容易とされている．

B　IPインタフェースを持たないデジタル式PBXをIPネットワークに接続するには，一般に，VoIPゲートウェイといわれる変換装置が用いられる．

①　Aのみ正しい　　②　Bのみ正しい
③　AもBも正しい　④　AもBも正しくない

解説

・IP-PBXでは，ソフトウェアタイプは，ソフトウェアの追加により機能の追加・変更が容易に行えるため，ハードウェアタイプと比較して新たな機能の実現や外部システムとの連携が容易に行えます（Aは誤り）．

ハードウェアタイプは，ハードウェアのロジックが固定されているため機能の変更は難しい．ただし，処理速度が高いというメリットをもつ．

・Bは正しい．デジタルPBXをIPネットワークに接続する場合，デジタルPBXの音声デジタル情報をVoIPゲートウェイによりIPパケットに包んでIPネットワークに送信します．また，VoIPゲートウェイは音声IPパケットをIPネットワークから受信した場合，この逆の処理を行います．

【解答　イ：②（Bのみ正しい）】

問 4　IP-PBX　【H30-1　第 1 問（2）】

IP セントレックス及び IP-PBX について述べた次の二つの記述は，（イ）．

A　IP セントレックスサービスでは，一般に，ユーザ側の IP 電話機は，電気通信事業者の拠点に設置された PBX 機能を提供するサーバなどに IP ネットワークを介して接続される．

B　汎用サーバを用いた IP-PBX は，一般に，LAN インタフェースにアナログ電話機を接続して利用することができる．

①　A のみ正しい　　②　B のみ正しい
③　A も B も正しい　　④　A も B も正しくない

解説

・A は正しい．IP セントレックスサービスでは，PBX 機能をもったサーバは電気通信事業者の拠点に設置されます．

・汎用サーバを用いた IP-PBX は，一般に，LAN インタフェースにデジタル電話機を接続して利用することができます（B は誤り）．デジタル電話機は音声をデジタル化し IP パケットに入れて伝送します．

【解答　イ：①（A のみ正しい）】

問 5　IP-PBX　【H29-1　第 1 問（2）】

IP-PBX の構成などについて述べた次の二つの記述は，（イ）．

A　汎用サーバを用いた IP-PBX は，一般に，LAN インタフェースにアナログ電話機を直接接続して利用することができる．

B　IP-PBX において使用される SIP サーバは，一般に，本体サーバともいわれ，SIP 基本機能，PBX 機能及びアプリケーション連携機能を持っている．

①　A のみ正しい　　②　B のみ正しい
③　A も B も正しい　　④　A も B も正しくない

解説

・汎用サーバを用いたIP-PBXは，一般に，LANインタフェースにデジタル電話機（IPで通信するためIP電話機ともいう）を直接接続して利用することができます（Aは誤り）．デジタル電話機では音声信号をIPパケットで送るために音声をデジタル化します．アナログ電話機では音声をアナログの電気信号で送ります．

・Bは正しい．SIP基本機能とは，IETFのRFC3261で規定されているSIPのプロトコルを実現する機能であり，電話の呼制御に相当するプロキシサーバ機能，IPアドレスなどのユーザ情報の登録・格納を行う機能，UACが移動した場合にその移動先を呼接続要求元に通知する機能などが含まれます．PBX機能とは電話の保留，転送，三者通話などの従来PBXがもっている機能です．アプリケーション連携機能とはDNS（Domain Name System）を使用したホスト名からIPアドレスを求める機能などです．

【解答　イ：②（Bのみ正しい）】

問6	SIPサーバ	【H28-1　第1問（1）】

企業向けSIPサーバシステムを用いたIP-PBXの一般的な構成において，SIPサーバの機能などについて述べた次の二つの記述は，［（ア）］．

A　SIPサーバシステムの核となるSIPサーバは，一般に，本体サーバともいわれ，SIP基本機能，PBX機能及びアプリケーション連携機能を持っている．

B　SIP通信を行うための構成要素として，プロキシサーバ，リダイレクトサーバ，レジストラなどがある．

① Aのみ正しい　② Bのみ正しい
③ AもBも正しい　④ AもBも正しくない

解説

・Aは正しい．問5参照．

・Bは正しい．SIP通信を行うための構成要素としては，プロキシサーバ，リダイレクトサーバ，レジストラ（登録サーバ），ロケーションサーバがあります（右表）．

表　SIP サーバの構成要素

構成要素	機能概要
プロキシサーバ	UAC からの発呼要求などメッセージの中継を行う
レジストラ	UA（ユーザ端末）からの登録要求メッセージを受けて，URI や IP アドレスなど UA の情報をロケーションサーバに登録する
リダイレクトサーバ	発呼要求で指定された宛先 UA が移動している場合に，移動先の URI を発呼要求元に通知する
ロケーションサーバ	レジストラの指示に従い，UA 情報の格納，提供を行う

上記 SIP サーバ間の制御メッセージの関係を下図に示します．

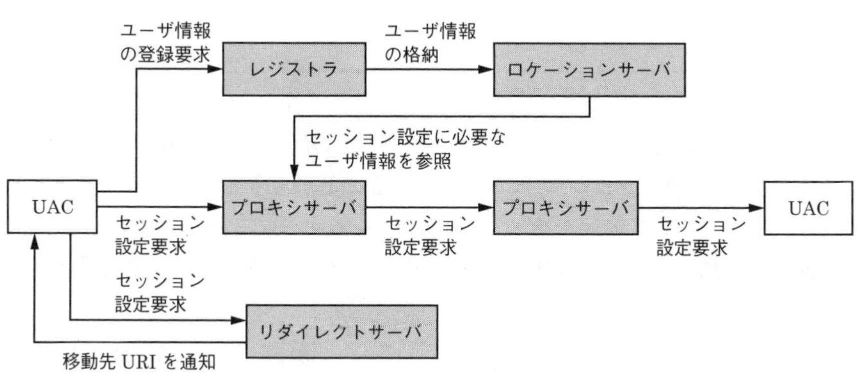

＊1：セッション設定は，通信を行う UAC（ユーザ端末）間の通信セッションを設定することであり，電話網の呼設定に相当する．
＊2：プロキシサーバによりセッションが設定された後は，プロキシサーバを介さず，UAC 間で直接メッセージ（IP パケット）の交換を行う．
＊3：URI：Uniform Resource Identifier，UAC の位置を示すネームアドレス

図　SIP サーバ間の制御メッセージの関係

【解答　ア：③（A も B も正しい）】

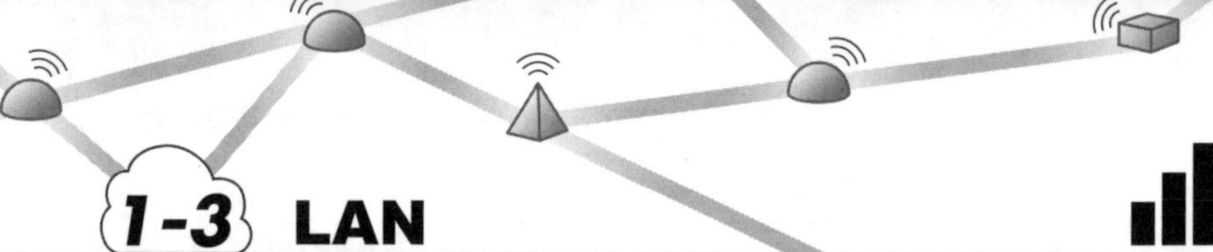

1-3 LAN

1-3-1 LANスイッチ，ハブ

問 1 **レイヤ3スイッチ** 【R1-2 第1問（3）】

ネットワークを構成する機器であるレイヤ3スイッチでは，RIPやOSPFといわれる［（ウ）］プロトコルを用いることができる．

① カプセリング　② ルーティング　③ トンネリング
④ シグナリング　⑤ データリンク制御

解説

ネットワークを構成する機器であるレイヤ3スイッチでは，RIPやOSPFといわれる(ウ)ルーティングプロトコルを用いることができます．ルーティングプロトコルはOSI基本参照モデルの第3層（レイヤ3）に属し，RIP（Routing Information Protocol）とOSPF（Open Shortest Path First）はIPで使用されます．

【解答　ウ：②（ルーティング）】

本問題と同様の問題が平成30年度第2回と平成29年度第2回の試験に出題されています．

問 2 **通信モード** 【R1-2 第5問（3）】

図は，ツイストペアケーブルを使用したイーサネット環境においてルータとパーソナルコンピュータが対向している例を示したものである．［　　］内の（A）及び（B）に入るそれぞれの機器の通信モードの組合せを示す表において，送受信パケットの衝突に起因して発生する再送処理による双方向通信の効率低下が生ずるおそれのない組合せとして正しいものは，イ～ニのうち，［（ウ）］である．

① イ　② ロ　③ ハ　④ ニ

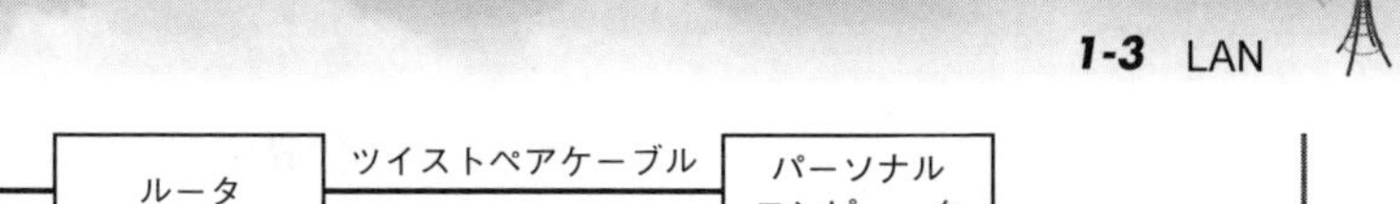

ルータ　ツイストペアケーブル　パーソナルコンピュータ

通信モード：(A)　　通信モード：(B)

	(A)	(B)
イ	半二重	オートネゴシエーション
ロ	全二重	オートネゴシエーション
ハ	半二重	半二重
ニ	全二重	全二重

解説

送受信パケットの衝突に起因して発生する再送処理による双方向通信の効率低下が生ずるおそれのない通信モードの組合せは，両方（ここではルータとパーソナルコンピュータ）がともに全二重の場合です．**半二重では送信と受信が同時にできないため，両方が同時に送信を行うと衝突が発生して再送処理による通信効率の低下が生じます．**

オートネゴシエーションとは，接続時に，相手との間で全二重か半二重かの通信モードや，通信速度を確認し合い決定する機能です．オートネゴシエーション機能をもった通信装置どうしが接続される場合は，両方の通信装置が全二重通信モードを選択する可能性がありますが，オートネゴシエーション機能をもつ通信装置が片方のみの場合，その通信装置は，相手の通信モードがわからないため，固定的に半二重を選択します．そのため，設問の表で，(イ) では，(A) は半二重，(B) は半二重の組合せになります．また，(ロ) では，(A) は全二重，(B) は半二重の組合せになります．

双方向通信の効率低下が生ずるおそれのない通信モードの組合せは，通信モードがともに全二重となる (ニ) となります.

オートネゴシエーションでは，FLP (Fast Link Pulse) という信号を送信して，相手に通信モードや通信速度を通知します．オートネゴシエーション機能をもたない装置は，NLP (Normal Link Pulse) という信号を送信しますが，NLP では，通信速度だけが相手に通知されるため，相手は通信モードを知ることができません．そのため，オートネゴシエーション機能をもつ装置ともたない装置が接続される場合，オートネゴシエーション機能をもつ装置は半二重通信を選択します．

【解答　ウ：④（ニ）】

問3　スイッチングハブ　【H31-1　第1問（3）】

スイッチングハブのフレーム転送方式のうち，速度の異なるLAN相互の接続ができる転送方式は，（ウ）である．

① カットアンドスルー　② フラグメントフリー
③ ストアアンドフォワード
④ カットアンドスルーとストアアンドフォワード
⑤ フラグメントフリーとストアアンドフォワード

解説

スイッチングハブのフレーム転送方式のうち，速度の異なるLAN相互の接続ができる転送方式は，(ウ)ストアアンドフォワードです．

POINT

ストアアンドフォワード方式ではフレーム全体を受信してから転送するため，速度の異なるLAN相互の接続ができる．

【解答　ウ：③（ストアアンドフォワード）】

本問題と同様の問題が平成29年第1回試験に出題されています．

問4　イーサネット　【H31-1　第1問（4）】

ネットワークインタフェースカード（NIC）に固有に割り当てられたMACアドレスの先頭の（エ）バイトはベンダ識別子（OUI）などといわれIEEEが管理・割当てを行っている．

① 2　② 3　③ 4　④ 5　⑤ 6

解説

ネットワークインタフェースカード（NIC）に固有に割り当てられたMACアドレスの先頭の(エ)3バイトはベンダ識別子（OUI：Organizationally Unique Identifier）などといわれ，IEEEが管理・割当てを行っています．MACアドレス全体は6バイトですが，後半の3バイトには各ベンダ内の製品ごとに異なる番号が付与されます．

【解答　エ：②（3）】

MACアドレスのOUIに関する問題は平成29年度第2回試験にも出題されています．

問5　スパニングツリープロトコル　【H30-2　第5問（3）】

イーサネットスイッチを複数接続したネットワークの経路において，ループが形成されてしまうと，フレームが無限に循環しネットワークが過負荷状態となる．このループの発生を防止するため，IEEE802.1Dにより標準化されたプロトコルとして［（ウ）］がある．

① PPP　② UDP　③ HTTP　④ SMTP　⑤ STP

解説

イーサネットスイッチを複数接続したネットワークの経路において，ループの発生を防止するため，IEEE802.1Dにより標準化されたプロトコルは，(ウ)STP（Spanning Tree Protocol）です．STPは，物理的な回線構成がループ状でも論理的にはツリー状のネットワーク回線を構成するようにして，転送パケットが特定経路をぐるぐる回らない（ループ状態にならない）ようにします．

【解答　ウ：⑤（STP）】

本問題と同様の問題が平成29年度第2回試験に出題されています．

問6　スイッチングハブ　【H30-1　第1問（3）】

スイッチングハブのフレーム転送方式における［（ウ）］方式は，有効フレームの先頭からFCSまでを受信した後，異常がなければフレームを転送する．

① フラグメントフリー　② バルク転送
③ カットアンドスルー　④ フラッディング
⑤ ストアアンドフォワード

1章　端末設備の技術

解説

スイッチングハブのフレーム転送方式における(ウ)ストアアンドフォワード方式は，有効フレームの先頭からFCSまでを受信した後，異常がなければフレームを転送します．ストアアンドフォワード方式では，フレーム全体を受信した後，フレームの最後尾にあるFCS（Frame Check Sequence）により，フレームに誤りがないかチェックします．

【解答　ウ：⑤（ストアアンドフォワード）】

本問題と同様の問題が平成27年度第2回試験に出題されています．

問7　イーサネット　【H29-2　第2問（3）】

イーサネットにおけるMACアドレスについて述べた次の二つの記述は，［（ウ）］．

A　MACアドレスは，データリンク層におけるフレーム転送用のアドレスとして用いられ，6バイトで構成される．

B　MACアドレスの先頭の3バイトはベンダ識別子（OUI）などといわれIEEEが管理・割当てを行い，残りの3バイトはベンダ間でルールを定め重複しないように付与される．

①　Aのみ正しい　　②　Bのみ正しい

③　AもBも正しい　　④　AもBも正しくない

解説

・Aは正しい．送信元MACアドレス6バイト，宛先MACアドレス6バイトです．

・MACアドレスの先頭の3バイトはベンダ識別子（OUI）などといわれ，IEEEが管理・割当てを行い，残りの3バイトはベンダ内でルールを定め，各ベンダの装置間で重複しないように付与されます（Bは誤り）．

【解答　ウ：①（Aのみ正しい）】

問8　イーサネット　【H29-2　第2問（4）】

IEEE802.3で規定されたイーサネットのフレームフォーマットを用いてフレームを送信する場合は，受信側に受信準備をさせるなどの目的で，フレー

ム本体ではない信号を最初に送信する．これは［（エ）］といわれ，7バイトで構成され，10101010のビットパターンが7回繰り返される．受信側は［（エ）］を受信中に受信タイミングの調整などを行う．

① Length　② SA　③ DA　④ SFD　⑤ Preamble

解説

イーサネットのフレームを送信する場合に，受信側に受信準備をさせるなどの目的で，最初に送信されるフレーム本体ではない信号は(エ)Preamble（プリアンブル）といわれます．Preambleは7バイトで構成され，10101010のビットパターンが7回繰り返されます．

Preambleの後には，1バイトのSFD（Start Frame Delimiter）が送信されます．SFDのビットパターンは，“10101011”で，最後のビットが“1”であることによりプリアンブルと区別されます．

【解答　エ：⑤（Preamble）】

問9　レイヤ3スイッチ　【H28-2　第1問（3）】

ネットワークを構成する機器であるレイヤ3スイッチについて述べた次の記述のうち，誤っているものは，［（ウ）］である．

① レイヤ3スイッチには，一般に，MACアドレスに基づき受信したフレームを中継するレイヤ2処理部とIPアドレスに基づき受信したパケットを中継するレイヤ3処理部がある．
② レイヤ3スイッチは，VLAN（Virtual LAN）機能を有しており，VLANとして分割したネットワークを相互に接続することもできる．
③ レイヤ3スイッチでは，RIP（Routing Information Protocol）やOSPF（Open Shortest Path First）などのルーティングプロトコルを用いることができる．
④ レイヤ3スイッチは，一般に，LANスイッチともいわれ，単一のネットワークアドレスを持つサブネットに限定して用いられる．
⑤ レイヤ2に対応したレイヤ3スイッチは，受信したフレームの送信

元 MAC アドレスを読み取り，アドレステーブルに登録されているかどうかを検索し，登録されていない場合はアドレステーブルに登録する．

解説

- ①は正しい．
- ②は正しい．VLAN（Virtual LAN：仮想 LAN）は，レイヤ2の機能により論理的に分割されますが，異なる VLAN 間のルーティングにはレイヤ3の機能をもったスイッチ（レイヤ3スイッチ）が使用されます．
- ③は正しい．レイヤ3スイッチは，ルータと同様，IP の機能をもち，ルーティングプロトコルとして，RIP（Routing Information Protocol）や OSPF（Open Shortest Path First）などを用いることができます．
- LAN スイッチには**レイヤ3スイッチのほかに，MAC アドレスに基づき中継するレイヤ2スイッチがあります**．また，レイヤ3スイッチは，単一のネットワークアドレスをもつサブネット内の中継に限定されず，**異なるネットワーク間の中継**にも使用されます（④は誤り）．
- ⑤は正しい．レイヤ3スイッチは，受信したフレームを即座に中継できるように，LAN 内機器の MAC アドレスを登録します．

【解答　ウ：④（誤り）】

問10　スイッチングハブ　【H28-2　第1問（4）】☑☑☑

スイッチングハブのフレーム転送方式におけるフラグメントフリー方式では，有効フレームの先頭から［（エ）］フレームの転送を開始する．

① 宛先アドレスまでを受信した後，フレームが入力ポートで完全に受信される前に
② 宛先アドレスと送信元アドレスまでを受信した後，フレームが入力ポートで完全に受信される前に
③ FCS までを受信した後，異常がなければ
④ 64バイトまでを受信した後，異常がなければ
⑤ プリアンブルまでを受信した後，フレームが入力ポートで完全に受信される前に

解説

スイッチングハブのフレーム転送方式におけるフラグメントフリー方式では，有効フレームの先頭から(エ)64 バイトまでを受信した後，異常がなければ，フレームの転送を開始します．フレームの先頭 64 バイトにはイーサネットのヘッダ（IEEE802.3 フレーム形式で 23 バイト）と IP ヘッダの基本情報（IPv4 で 20 バイト，IPv6 で 40 バイト）が含まれるため，ユーザデータが誤っていても，正しい宛先への転送は保証されます．

【解答　エ：④（64 バイトまでを受信した後，異常がなければ）】

問 11　**イーサネット**　H28-2　第 2 問（1）】☑☑☑

イーサネットのフレームフォーマットなどについて述べた次の二つの記述は，［（ア）］．

A　イーサネットに接続するためのネットワークインタフェースカード（NIC）は，6 バイトで構成される MAC アドレスといわれる固有のアドレスを持つ．

B　イーサネットの MAC フレームの最後にある FCS は，フレームの伝送誤りの有無を検出するための情報であり，受信側では，フレームを受信し終えると FCS の検査を行い，誤りが検出されなければ宛先 MAC アドレスを参照し，それが自分宛でない場合及びブロードキャストアドレスでない場合は，受信したフレームを破棄する．

①　A のみ正しい　　②　B のみ正しい
③　A も B も正しい　④　A も B も正しくない

解説

・A は正しい．MAC アドレス 6 バイトのうち，上位 3 バイトは機器を製造するベンダの識別子で，下位 3 バイトは個々のベンダが設定する値です．これらの組合せにより，機器ごとに固有の MAC アドレスが割り当てられます．

・B は正しい．イーサネットフレームの FCS（Frame Check Sequence）は 4 バイトで，フレームの最後に置かれ，フレームの誤り検出に使用されます．

【解答　ア：③（A も B も正しい）】

問 12 **スイッチングハブ** 【H28-1 第1問 (4)】

スイッチングハブのフレーム転送方式における［ (エ) ］方式では，有効フレームの先頭から宛先アドレスまでを受信した後，フレームが入力ポートで完全に受信される前に，フレームの転送を開始する．

① カットアンドスルー ② フラグメントフリー
③ フラッディング ④ バルク転送
⑤ ストアアンドフォワード

解説

スイッチングハブのフレーム転送方式で，有効フレームの先頭から宛先アドレスまでを受信した後，フレームが入力ポートで完全に受信される前に，フレームの転送を開始する方式は，(エ)カットアンドスルー方式です．**フレーム転送前に受信する宛先アドレスとは，先頭6オクテットの宛先MACアドレス**です．

覚えよう！
スイッチングハブのフレーム転送方式には，ストアアンドフォワード，フラグメントフリー，カットアンドスルーの三つの種類があります．それぞれの特徴を覚えておこう．

【解答 エ：①（カットアンドスルー）】

本問題と同様の問題が平成27年度第1回試験に出題されています．

1-3-2 無 線 LAN

問 13 **応答方式** 【R1-2 第1問 (4)】

IEEE802.11nとして標準化された無線LAN規格では，データ転送を効率化して通信速度を向上させるため，アクセスポイントが無線端末から受信した複数のデータフレームに対して確認応答信号を1回にまとめて送信するための［ (エ) ］フレームが用いられている．

① ビーコン ② プローブ応答
③ リアソシエーション応答 ④ ブロックACK
⑤ オーセンティケーション

解説

IEEE802.11nとして標準化された無線LAN規格では，データ転送を効率化して通信速度を向上させるため，アクセスポイントが無線端末から受信した**複数のデータフレームに対して確認応答信号（ACK）を1回にまとめて送信するため**の(エ)ブロックACKフレームが用いられています．

ブロックACKを使用するときは，複数のMACフレームを連結して送信する（連結するMACフレーム全体の最大長は64kbyte）「A-MPDU（Aggregation-MAC Protocol Data Unit）」方式が使用されます．送信される個々のMACフレームにはFCSが付いていますので，この**送信フレームの応答であるブロックACKでは，MACフレームごとにエラーの有無を通知することができます．**

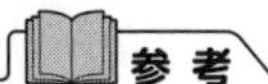
参考

IEEE802.11nはIEEE802.11b/a/gの後に標準化された無線LAN規格で，ブロックACKのほかに，複数の送受信アンテナを使用する**MIMO**や，複数の無線チャネルを束ねて使用帯域を増やす**チャネルボンディング**，複数のデータフレームを連結して一括送信する**フレームアグリゲーション**によってフレーム送信の効率化・高速化を図っている．

【解答　エ：④（ブロックACK）】

問14　変調方式　【H30-2　第1問（4）】 ☑☑☑

IEEE802.11標準の無線LANの特徴などについて述べた次の二つの記述は，[（エ）]．

A　無線LANには，各種ISMバンド対応機器などとの耐干渉性能に優れたスペクトル拡散変調方式を用いる規格がある．

B　無線LANには，OFDMといわれるシングルキャリア変調方式を用い，6.9GHz帯の周波数帯を利用する規格がある．

① Aのみ正しい　② Bのみ正しい
③ AもBも正しい　④ AもBも正しくない

解説

・Aは正しい．スペクトル拡散変調方式を用いた規格として，IEEE802.11bがあります．

・OFDM（Orthogonal Frequency Division Multiplexing：直交周波数分割多重）は次頁の図に示すように，信号を複数の周波数（サブキャリア）に分散して乗せて伝送するマルチキャリア変調方式を用いています．OFDMは複数の周波数を使用するため，高速伝送が可能という特徴があり，2.4〔GHz〕帯と5〔GHz〕帯の無線LANで使用されています．6.9〔GHz〕帯の電波は無線LANでは使用されていません（Bは誤り）．

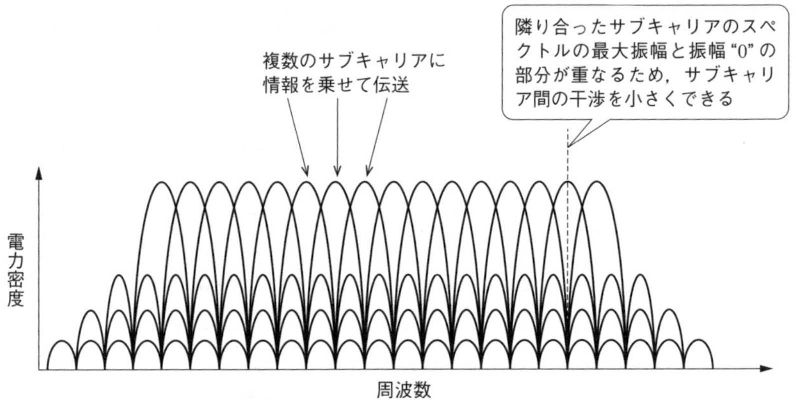

注：図は，帯域制限のない矩形パルスの伝送の場合の周波数スペクトル

図　OFDM信号の周波数スペクトル

【解答　エ：①（Aのみ正しい）】

問15　MIMO　【H29-2　第1問（4）】

IEEE802.11標準の無線LANには，複数の送受信アンテナを用いて信号を空間多重伝送することにより，使用する周波数帯域幅を増やさずに伝送速度の高速化を図ることができる技術である［（エ）］を用いる規格がある．

① デュアルバンド対応
② MIMO（Multiple Input Multiple Output）
③ チャネルボンディング　④ フレームアグリゲーション
⑤ OFDM（Orthogonal Frequency Division Multiplexing）

解説

参考　MIMOを使用している無線LAN規格として，IEEE802.11nとIEEE802.11acがある．

IEEE802.11標準の無線LANで，複数の送受信アンテナを用いて信号を空間多重伝送することにより，使用する周波数帯域幅を増やさずに伝送速度の高速化を図ることができる技術は(エ)MIMO（Multiple Input Multiple Output）です．

【解答　エ：②（MIMO（Multiple Input Multiple Output））】

問 16　**無線 LAN の周波数帯と CSMA/CA 方式**　【H29-1　第1問（3）】

IEEE802.11 標準の無線 LAN の特徴などについて述べた次の記述のうち，誤っているものは，［（ウ）］である．

① 2.4GHz 帯の ISM バンドを使用する無線 LAN では，各種の ISM バンド対応機器など，他のシステムとの干渉を避けるためスペクトル拡散変調方式が用いられている．

② 5GHz 帯の無線 LAN では，ISM バンドとの干渉によるスループットの低下がない．

③ 無線 LAN の機器には，2.4GHz 帯と 5GHz 帯の両方の無線 LAN の周波数帯域で使用できるデュアルバンド対応のデバイスが組み込まれたものがある．

④ 無線 LAN には，OFDM といわれるシングルキャリア変調方式を用い，6.9GHz 帯の周波数帯を利用した規格がある．

⑤ CSMA/CA 方式では，送信端末からの送信データが他の無線端末からの送信データと衝突しても，送信端末では衝突を検知することが困難であるため，送信端末は，アクセスポイント（AP）からの ACK 信号を受信することにより，送信データが正しく AP に送信できたことを確認する．

解説

・①は正しい．2.4〔GHz〕帯の ISM バンドを使用している，スペクトル拡散変調方式の無線 LAN の規格は IEEE802.11b です．

・②は正しい．ISM バンドは 2.4〔GHz〕で，5〔GHz〕の無線 LAN とは電波の干渉がないため，スループットの低下もありません．

・③は正しい．デュアルバンド対応のデバイスでは，IEEE802.11b（2.4〔GHz〕帯），IEEE802.11g（2.4〔GHz〕帯），IEEE802.11a（5〔GHz〕帯），IEEE 802.11n（2.4〔GHz〕帯および 5〔GHz〕帯），IEEE802.11ac（5〔GHz〕帯）などの規格がサポートされています．

・OFDM（Orthogonal Frequency Division Multiplexing：直交周波数分割多重）は信号を複数の周波数（サブキャリア）に分散して乗せて伝送するマルチキャリア変調方式を用いています．OFDMは複数の周波数を使用するため，高速伝送が可能という特徴があり，2.4〔GHz〕帯と5〔GHz〕帯の無線LANで使用されています．6.9〔GHz〕帯の電波は無線LANでは使用されていません（④は誤り．本節問14の解説を参照）．
・⑤は正しい．APは無線端末からのデータを正しく受信すると，ACK信号を返送します．

【解答　ウ：④（誤り）】

問17　変調方式　【H28-1　第1問（3）】☑☑☑

IEEE802.11において標準化された無線LANには，2.4GHz帯又は5GHz帯の周波数帯を利用し，OFDMといわれる［（ウ）］変調方式を用いた規格がある．

① 周波数ホッピング　② シングルキャリア　③ 直接拡散
④ スペクトル拡散　⑤ マルチキャリア

解説

IEEE802.11において標準化された無線LANには，2.4〔GHz〕帯または5〔GHz〕帯の周波数帯を利用し，OFDMといわれる(ウ)マルチキャリア変調方式を用いた規格があります．OFDMは本節問14の解説を参照のこと．

参考
OFDMを使用している2.4〔GHz〕帯の無線LAN規格としてIEEE802.11gが，5〔GHz〕帯の無線LAN規格としてIEEE802.11aやIEEE802.11acがある．

【解答　ウ：⑤（マルチキャリア）】

問18　CSMA/CA方式と変調方式　【H27-2　第1問（3）】☑☑☑

IEEE802.11において標準化された無線LANの特徴などについて述べた次の二つの記述は，［（ウ）］．

A　CSMA/CA方式では，送信端末の送信データが他の無線端末の送信データと衝突しても，送信端末では衝突を検知することが困難であるため，ア

クセスポイント（AP）からのRTS信号を送信端末が受信して，送信データが正常にAPに送信できたことを確認する．

B 2.4GHz帯のISMバンドを使用する無線LANには，各種のISMバンド対応機器など，他のシステムとの干渉を避けるため，スペクトル拡散変調方式が用いられており，さらに高速，大容量化を図るため，OFDM（直交周波数分割多重）方式を用いたものがある．

① Aのみ正しい　② Bのみ正しい
③ AもBも正しい　④ AもBも正しくない

解説

・CSMA/CA方式では，送信端末の送信データが他の無線端末の送信データと衝突しても，送信端末では衝突を検知することが困難であるため，**アクセスポイント（AP）からのACK信号を送信端末が受信**して，送信データが正常にAPに送信できたことを確認します（Aは誤り）．

・Bは正しい．2.4〔GHz〕帯のISMバンドを使用する無線LANで，スペクトル拡散変調方式を用いている規格はIEEE802.11bで，OFDM（直交周波数分割多重）方式を用いている規格はIEEE802.11gです．

【解答　ウ：②（Bのみ正しい）】

問19　無線LAN規格　【H27-1　第1問（3）】

IEEE802.11において標準化された無線LANの特徴などについて述べた次の記述のうち，誤っているものは，（ウ）である．

① 2.4GHz帯のISMバンドを使用する無線LANでは，各種のISMバンド対応機器など，他のシステムとの干渉を避けるためスペクトル拡散変調方式が用いられているが，OFDM（Orthogonal Frequency Division Multiplexing：直交周波数分割多重）によるマルチキャリア変調方式は用いられていない．

② 5GHz帯の無線LANでは，ISMバンドとの干渉によるスループットの低下がない．

③ 5GHz 帯の無線 LAN では，高速化を図るため OFDM によるマルチキャリア変調方式が用いられている．

④ 無線 LAN の機器には，2.4GHz 帯の無線 LAN と 5GHz 帯の両方の周波数帯域でも使用できるデュアルバンド対応のデバイスが組み込まれたものがある．

⑤ CSMA/CA 方式では，送信端末の送信データが他の無線端末の送信データと衝突しても，送信端末では衝突を検知することが困難であるため，アクセスポイント（AP）からの ACK 信号を送信端末が受信することにより，送信データが正常に AP に送信できたことを確認している．

解説

・2.4〔GHz〕帯の ISM バンドを使用する無線 LAN 規格のうち，IEEE 802.11b では，スペクトル拡散変調方式が用いられているが，IEEE802.11g では OFDM（Orthogonal Frequency Division Multiplexing：直交周波数分割多重）によるマルチキャリア変調方式が用いられています（①は誤り）．

・②は正しい．ISM バンドの周波数帯は 2.4〔GHz〕帯であるため，5〔GHz〕帯の無線 LAN では，ISM バンドとの電波の干渉はありません．

・③は正しい．5〔GHz〕帯の無線 LAN 規格 IEEE802.11a では，高速化を図るため OFDM によるマルチキャリア変調方式が用いられています．

・④は正しい．デュアルバンド対応のデバイスでは，2.4〔GHz〕帯の IEEE 802.11g と 5〔GHz〕帯の IEEE802.11a をサポートしているものがあります．

・⑤は正しい．**AP は，送信端末から正しくデータを受信した場合に，ACK 信号を送信端末に送信します．**

【解答　ウ：①（誤り）】

1-4 電波妨害・雷サージ対策

問 1	雷サージ	【R1-2 第1問 (5)】

電気通信設備に対する雷害には，直撃雷電流により発生する［（オ）］に起因する誘導雷サージがある．誘導雷サージは落雷地点の付近にある通信ケーブルなどを通して通信装置などに影響を与える．

① 複 流 ② 瞬 断 ③ 不平衡 ④ 熱伝導 ⑤ 電磁界

解説

誘導雷サージは，直撃雷電流により発生する(オ)**電磁界に起因する現象**で，落雷地点の付近にある通信ケーブルなどを通して通信装置などに影響を与えます．

【解答 オ：⑤（電磁界)】

問 2	ネットワーク機器のノイズ対策	【H31-1 第1問 (5)】

商用電源を用いているネットワーク機器のノイズ対策に用いられるノイズ対策部品について述べた次の二つの記述は，［（オ）］．

A コモンモードチョークコイルは，コモンモード電流を阻止するインピーダンスを発生させることによりコモンモードノイズの発生を抑制するものであり，一般に，電源ラインや信号ラインに用いられる．

B フェライトリングコアは，入出力間における浮遊容量が大きく，インダクタンスは小さいため，低周波域のノイズ対策に用いられる．

① Aのみ正しい ② Bのみ正しい
③ AもBも正しい ④ AもBも正しくない

解説

・Aは正しい．**信号電流（ディファレンシャルモード電流という）**は，2本の加入者線の間で生じる電位差によって加入者線上を流れる電流です．**コモンモード電流**とは，加入者線と大地の間を，浮遊容量を介して流れる電流のことで，信号電流に重畳して雑音となります．コモンモードチョークコイルは，図に示すように，コアに二つの銅線を互いに逆回りに巻いたコイルです．**2本の加入者線上を流れる信号電流は互いに逆方向ですが，それによって発生する磁束も逆方向になり弱め合うように結線されています．**これにより，信号電圧に対するインピーダンスは小さくなり，信号電流の減衰は起こりません．

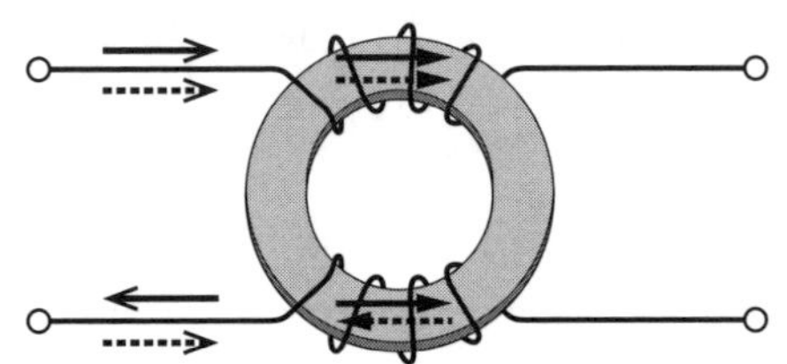

図　コモンモードチョークコイルの構成原理

図の結線では，**コモンモード電流によって発生するコイルの磁束は同方向になり，強め合うため，インピーダンスが高くなり，雑音となるコモンモード電流は抑止されます．**

・フェライトリングコアは，入出力間における浮遊容量が小さく，インダクタンスは小さいため，高周波域のノイズ対策に用いられます．フェライトリングコアは，**フェライトというセラミックの磁性体のリングの穴の中に導線を通すことによってコイル（インダクタ）を構成**したものです．フェライトリングコアでは，リングに通す導線の巻き数を増やすとインダクタンスが増えますが，巻いている導線どうしが接近して浮遊容量が増加します．高周波ノイズはこの浮遊容量の部分を通ってしまうため，**高周波ノイズを抑制するためには，巻き数を少なくして浮遊容量を小さくする必要があります．**一方，巻き数の制限から，インダクタンスは大きくできませんが，**コイル（インダクタ）により，高周波になるほど高いインピーダンスをもつため，高周波域の電流を抑制し，高周波ノイズを減衰させることができます．**（Bは誤り）．

【解答　オ：①（Aのみ正しい）】

本問題と同様の問題が平成30年度第1回と平成28年度第2回および平成27年度第1回の試験に出題されています．

問3　サージ防護デバイス（SPD）　【H30-2　第1問（5）】☑☑☑

JIS C 5381-11:2014 低圧サージ防護デバイス―第11部においてSPDは，サージ電圧を制限し，サージ電流を分流することを目的とした，1個以上の［（オ）］を内蔵しているデバイスとされている．

①　リアクタンス　②　非線形素子　③　線形素子
④　コンデンサ　⑤　三端子素子

解説

JIS C 5381-11:2014においてSPD（Surge Protective Devices：サージ防護デバイス）は，サージ電圧を制限し，サージ電流を分流することを目的とした，1個以上の（オ）非線形素子を内蔵しているデバイスとされています．JIS C 5381-11:2014では，「避雷器」「保安器」「アレスタ」「プロテクタ」など，基本的に雷サージから保護するための素子や装置は，SPDと定義されています．

【解答　オ：②（非線形素子）】

問4　雷サージ　【H29-2　第1問（5）】☑☑☑

電気通信設備に対する雷害には，落雷時の直撃雷電流が通信装置などに影響を与える直撃雷サージによるもの，落雷時の直撃雷電流によって生ずる［（オ）］によってその付近にある通信ケーブルなどを通して通信装置などに影響を与える誘導雷サージによるものなどがある．

①　瞬　断　②　熱線輪　③　電磁界　④　複　流　⑤　不平衡

解説

誘導雷サージとは，雷によって二次的に発生する強力な（オ）電磁界によって，その付近にある通信ケーブルなどを通して通信装置などに影響を与える現象です．

【解答　オ：③（電磁界）】

問5　ネットワーク機器のノイズ対策　【H29-1　第1問（5）】

　商用電源を用いているネットワーク機器のノイズ対策について述べた次の二つの記述は，［（オ）］．

A　チップビーズインダクタは，ネットワーク機器から放射される数 GHz 帯域の放射ノイズ対策に用いられる．

B　コモンモードチョークコイルは，コモンモード電流を阻止する容量性リアクタンスを発生させることによりコモンモードノイズの発生を抑制するものであり，一般に，電源ラインや信号ラインに用いられる．

①　A のみ正しい	②　B のみ正しい
③　A も B も正しい	④　A も B も正しくない

解説

・A は正しい．ネットワーク機器から放射される数〔GHz〕帯域の放射ノイズの対策には，中心に小さい穴のあいたビーズ形状のフェライトに金属導体を通した構造のチップビーズインダクタが用いられます．**インダクタは周波数に比例してインピーダンスが増加する性質をもっている**ため，信号に比べ周波数が高いノイズが，チップビーズインダクタにより除去されます．また，**チップビーズはインダクタ（コイル）と抵抗の性質を併せもっていて**，低周波領域ではインダクタ成分が機能してノイズは反射され，高周波領域では主に抵抗成分が機能してノイズは吸収されます．このようにして，**低周波領域および高周波領域のノイズが信号から除去されます．**

・コモンモードチョークコイルは，一般に，電源ラインや信号ラインに用いられるもので，コモンモード電流を阻止する誘導性リアクタンスを発生させることによりコモンモードノイズの発生を抑制します（B は誤り）．

　コイルによって生じるリアクタンスを誘導性リアクタンスといい，**コンデンサによって生じるリアクタンスを容量性リアクタンス**といいます．

【解答　オ：①（A のみ正しい）】

問 6 雷保護と接地 【H28-1 第1問 (5)】 ☑☑☑

JIS A 4201:2003 建築物等の雷保護及び JEITA ITR-1005 情報システム用接地に関するガイドラインにおける接地について述べた次の二つの記述は，[（オ）].

A 基礎接地極は，大地面又は大地面下に建築物等を取り巻き閉ループを構成する接地極である.

B 電力システムの接地は安全面への配慮から生じたものであり，電気設備用の接地基準をそのまま情報システムに適用すると，悪影響を及ぼすおそれがあることを考慮しなければならない.

① Aのみ正しい ② Bのみ正しい
③ AもBも正しい ④ AもBも正しくない

解説

・大地面または大地面下に建築物等を取り巻き閉ループを構成する接地極は，環状接地極（Ring earth electrode）です．基礎接地極（Foundation earth electrode）とは，建築物等の鉄骨または鉄筋コンクリート基礎によって構成する接地極のことです（JIS A 4201:2003 の 1.2.13, 1.2.14 より，A は誤り）.

・B は正しい．電力システムの接地は安全面への配慮から生じたものです．一方，情報システム用の接地の主目的はノイズ対策であることから，電気設備用の接地基準をそのまま情報システムに適用すると，電力システムの動力機器からアース線を介して進入するノイズの影響などを受け，情報システムに悪影響を及ぼすことがあります.

【解答 オ：②（B のみ正しい)】

問 7 ネットワーク機器のノイズ対策 【H27-2 第1問 (5)】 ☑☑☑

商用電源を用いているネットワーク機器のノイズ対策及びノイズ対策部品について述べた次の二つの記述は，[（オ）].

A コモンモードチョークコイルを用いた対策は，コモンモード電流を阻止する容量性リアクタンスを発生させることにより，コモンモードノイズの発生を抑制するもので，一般に，電源ラインや信号ラインに用いられる.

B　フェライトリングコアを用いた対策は，ノイズ対策部品の入出力間におけるインダクタンスが小さいため，高周波域のノイズに対して用いられる．

① Aのみ正しい　② Bのみ正しい
③ AもBも正しい　④ AもBも正しくない

解説

・コモンモードチョークコイルを用いた対策は，コモンモード電流を阻止する誘導性リアクタンスを発生させることにより，コモンモードノイズの発生を抑制するもので，一般に，電源ラインや信号ラインに用いられます（Aは誤り）．

誘導性リアクタンスはコイルで発生し，容量性リアクタンスはコンデンサで発生する．

・Bは正しい．フェライトリングコアでは，ノイズ対策部品の入出力間におけるインダクタンスは小さいが，**周波数が高いほど，コイルによるインピーダンスが大きくなるため高周波電流が抑制されます**．また，周波数が高いほど，磁気損失による電流の減少が大きくなるため，高周波域のノイズを減少させることができます．フェライトリングコアに関する問題は，本節問2にも記載していますので，参照してください．

【解答　オ：②（Bのみ正しい）】

参考

リアクタンスとは，交流回路においてコイルやコンデンサによって電流が妨げられる大きさを示すもので，抵抗と同様，単位としてΩ（オーム）が使用されます．抵抗とリアクタンスを合わせたものをインピーダンスといいます．

コイルに交流電源を接続し交流電流を流すと，コイルに磁束が発生し，この磁束に応じて起電力が交流電源の電圧と逆方向に発生し（これを**電磁誘導**という），電流の流れを妨げる力となります．これを**誘導性リアクタンス**といいます．電磁誘導によって発生する誘導起電力と電流の変化の比を**インダクタンス**といい，**誘導性リアクタンスは電流の変化の頻度（周波数）とインダクタンスの積に比例します**．

一方，コンデンサに交流電圧をかけると，電圧の変化に応じてコンデンサは充電・放電を繰り返し，電源で発生する電流とコンデンサにより充電・放電される電流が打ち消し合うことにより，電流を妨げる力が発生します．これを**容量性リアクタンス**といいます．**容量性リアクタンスは電流の周波数とコンデンサの静電容量（キャパシタンス）の積に反比例します**．

2章 ネットワークの技術

本章の出題項目

2-1 データ通信技術

問 1　伝送路符号化方式　【R1-2　第2問（1）】

10GBASE-LR の物理層では，上位 MAC 副層からの送信データをブロック化し，このブロックに対してスクランブルを行った後，2 ビットの同期ヘッダの付加を行う［（ア）］といわれる符号化方式が用いられる．

① 1B/2B　② 4B/5B　③ 8B1Q4
④ 8B/10B　⑤ 64B/66B

解説

10 ギガビットイーサネットの 10GBASE-LR で用いられている(ア)**64B/66B 符号化方式**では，32 ビットのデータ 2 回分（64 ビット）をブロックとして扱い，各ブロックに対してスクランブルを施した後，2 ビットの同期ヘッダ（“01” または “10”）を付加して 66 ビットの符号に変換します．

「スクランブル」とはデータをかき混ぜるという意味で，**スクランブルによって，“0” と “1” のビットがほぼ交互に伝送されるようにして，受信の同期をとりやすくしています．**

【解答　ア：⑤（64B/66B）】

問 2　伝送路符号化方式　【H31-1　第2問（1）】

100BASE-FX では，送信するデータに対して［（ア）］といわれるデータ符号化により，ビット値 0 の連続の抑制，制御信号の確保などを行った後，NRZI といわれる方式で伝送路用の信号に符号化する．100BASE-FX は，データリンクのレベルでは 100 メガビット／秒の伝送速度であるが，［（ア）］のデータ符号化により物理層では 125 メガビット／秒の伝送速度になる．

① 1B/2B　② 2B/1Q　③ 4B/3T
④ 4B/5B　⑤ 8B/10B

解説

100BASE-FX では，送信するデータに対して$_{(ア)}$4B/5B といわれるデータ符号化を行った後，NRZI（Non Return to Zero Inversion）といわれる方式で伝送路用の信号に符号化します．**4B/5B では，4 ビットのデータを 5 ビットに符号化することによって，同じビットが連続する回数を少なくする**（例えば“0000”を“11110”に変換），制御信号を確保する（データ以外のビット列を制御信号に割り当てる）ことなどを行います．符号化によって，情報量は 4 ビットから 5 ビットと 1.25 倍に増えるため，データリンクのレベルでは 100 メガビット／秒である 100BASE-FX は，物理層では 125 メガビット／秒の伝送速度になります．

【解答　ア：④（4B/5B）】

問 3　伝送路符号化方式　【H30-2　第 2 問（1）】

1000BASE-T では，送信データを 8 ビットごとに区切ったビット列に 1 ビットの冗長ビットを加えた 9 ビットが四つの 5 値情報に変換される ＿（ア）＿ といわれる符号化方式が用いられている．

① 8B/6T　② 8B/10B　③ 8B1Q4
④ MLT-3　⑤ NRZI

解説

1000BASE-T では，送信データを 8 ビットごとに区切ったビット列に 1 ビットの冗長ビットを加えた 9 ビットが四つの 5 値情報に変換される$_{(ア)}$8B1Q4 といわれる符号化方式が用いられています．

変換前の 9 ビットの情報は 2 の 9 乗，$2^9=512$ 通りとなります．8B1Q4 の 5 値情報の符号とは，一つの符号に五つの値をもたせることで，1 回に「+2，+1，0，−1，−2」というように五つの値を送ります．1000BASE-T では，UTP ケーブル上で 5 値の情報を五つの電圧値として送ります．8B1Q4 では，5 値情報を 4 組送るので情報の組合せは 5 の 4 乗，$5^4=625$ 通りで，512 通りの 9 ビットの情報を，625 通りの 4 組の 5 値情報に変換することができます．

【解答　ア：③（8B1Q4）】

問4 **10ギガビットイーサネット** 【H30-2 第2問（3）】

IEEE802.3aeにおいて標準化されたLAN用の［（ウ）］の仕様では，信号光の波長として850ナノメートルの短波長帯が用いられ，伝送媒体としてマルチモード光ファイバが使用される．

① 10GBASE-ER ② 10GBASE-LW ③ 10GBASE-LR
④ 10GBASE-SR ⑤ 1000BASE-SX

解説

IEEE802.3aeにおいて標準化されたLAN用の(ウ)10GBASE-SRの仕様では，信号光の波長として850〔nm〕の短波長帯が用いられ，伝送媒体としてマルチモード光ファイバが使用されます．

IEEE802.3aeは，光ファイバを使用した10ギガビットイーサネットの規格の名称で，その種類を下表に示します．10ギガビットイーサネットの規格名称で「-（ハイフン）」の後の「S」は短波長（850〔nm〕），「L」は長波長（1,310〔nm〕），「E」は超長波長（1,550〔nm〕）を意味します．その後の「R」はLAN用，「W」はWAN（SDH）用の伝送路を意味します．短波長（850〔nm〕）を使用する規格の場合，MMF（マルチモード光ファイバ）が使用されます．

表 10ギガビットイーサネット（IEEE802.3ae）の種類

規　格	伝送路	対応光ファイバ	光の波長〔nm〕	伝送距離
10GBASE-LX4	LAN用	MMF/SMF	1,310	300〔m〕(MMF) 10〔km〕(SMF)
10GBASE-SR		MMF	850	300〔m〕
10GBASE-LR		SMF	1,310	10〔km〕
10GBASE-ER			1,550	40〔km〕
10GBASE-SW	WAN用	MMF	850	300〔m〕
10GBASE-LW		SMF	1,310	10〔km〕
10GBASE-EW			1,550	40〔km〕

SMF：シングルモード光ファイバ
MMF：マルチモード光ファイバ

【解答 ウ：④（10GBASE-SR）】

本問題と同様の問題が平成 28 年度第 2 回と平成 27 年度第 2 回の試験に出題されています.

問 5　伝送路符号化方式　【H30-1　第 2 問（1）】

デジタル信号を送受信するための伝送路符号化方式において，符号化後に高レベルと低レベルなど二つの信号レベルだけをとる 2 値符号には［（ア）］符号がある.

① AMI　② PR-4　③ NRZI　④ MLT-3　⑤ PAM-5

解説

デジタル信号を送受信するための伝送路符号化方式において，符号化後に高レベルと低レベルなど二つの信号レベルだけをとる 2 値符号には(ア)NRZI 符号があります．NRZI（Non Return to Zero Inversion）は，下図に示すように 2 値符号でビット値 1 が発生するごとに信号レベルが低レベルから高レベルへ，または高レベルから低レベルへと遷移する符号化方式です.

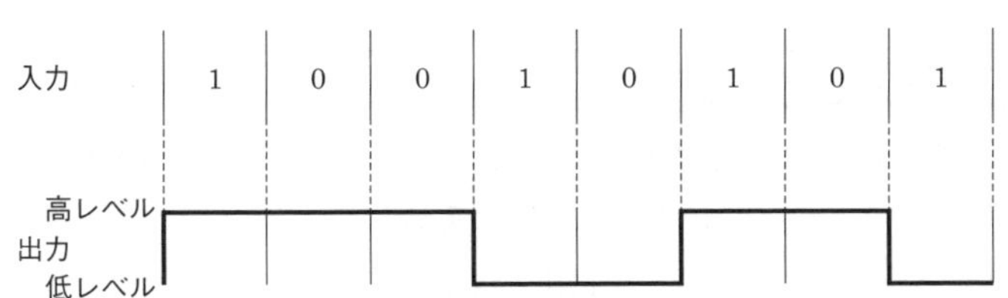

図　NRZI 符号の波形パターン

【解答　ア：③（NRZI）】

問 6　伝送路符号化方式　【H29-1　第 2 問（1）】

デジタル信号を送受信するための伝送路符号化方式のうち［（ア）］符号は，図に示すように，ビット値 0 のときは信号レベルを変化させず，ビット値 1 が発生するごとに，信号レベルが 0 から高レベルへ，高レベルから 0 へ，又は 0 から低レベルへ，低レベルから 0 へと，信号レベルを 1 段ずつ変化させる符号である.

① AMI　② MLT-3　③ NRZ
④ NRZI　⑤ Manchester

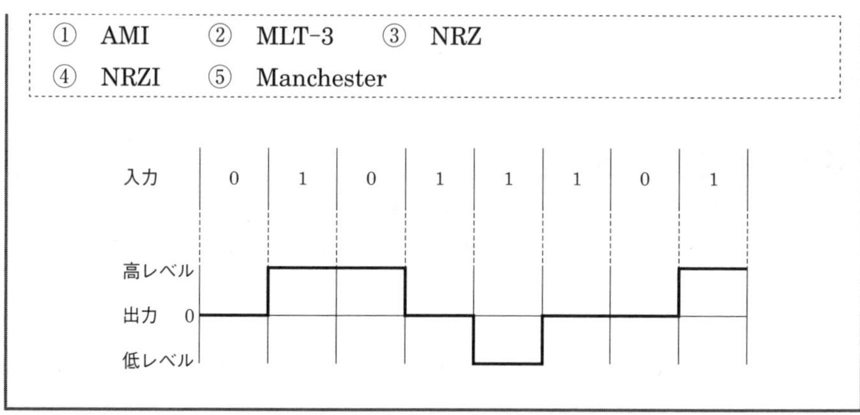

解説

設問の図のように，ビット値“0”のときは信号レベルを変化させず，ビット値“1”が発生するごとに，信号レベルが“0”から高レベルへ，高レベルから“0”へ，または“0”から低レベルへ，低レベルから“0”へと，信号レベルを１段ずつ変化させる符号は，(ア)MLT-3 です．

【解答　ア：②（MLT-3）】

問７　10 ギガビットイーサネット　【H29-1　第２問（4）】

IEEE802.3ae において標準化された WAN 用の［（エ）］の仕様では，信号光の波長として 1,310 ナノメートルの長波長帯が用いられ，伝送媒体としてシングルモード光ファイバが使用される．

① 10GBASE-CX4　② 10GBASE-ER　③ 10GBASE-SW
④ 10GBASE-LW　⑤ 1000BASE-LX

解説

IEEE802.3ae において標準化された WAN 用の(エ)10GBASE-LW の仕様では，信号光の波長として 1,310 ナノメートルの長波長帯が用いられ，伝送媒体としてシングルモード光ファイバが使用されています．

この規格の最後の文字“W”は WAN（SDH）用を意味し，その前の“L”は長波長帯（1,310 ナノメートル）を意味します．

【解答　エ：④（10GBASE-LW）】

問8	10ギガビットイーサネット	【H28-1 第2問（2）】

IEEE802.3aeにおいて標準化された［（イ）］の仕様では，光源として1,550ナノメートルの超長波長帯が用いられ，LAN用の伝送媒体としてシングルモード光ファイバが使用される．

① 10GBASE-LR　② 10GBASE-LW　③ 10GBASE-SR
④ 10GBASE-ER　⑤ 1000BASE-SX

解説

IEEE802.3aeにおいて標準化された(イ)10GBASE-ERの仕様では，光源として1,550ナノメートルの超長波長帯が用いられ，LAN用の伝送媒体としてシングルモード光ファイバが使用されます．10GBASE-ER規格の最後の文字"R"はLAN用を意味し，その前の"E"は超長波長帯（1,550ナノメートル）を意味します（本節問4の解説の表を参照）.

光ファイバを使用した10ギガビットイーサネットの規格の分類を下図に示します．LAN PHYはLANに適用する規格で，WAN PHYはWAN（広域網）で広く導入されているSONET/SDHに合わせた規格です．LAN PHYは，一つの波長を使用して伝送する10GBASE-Rファミリーと，四つの波長を使用して波長多重で光信号を伝送する10GBASE-Xファミリーに分類されます．

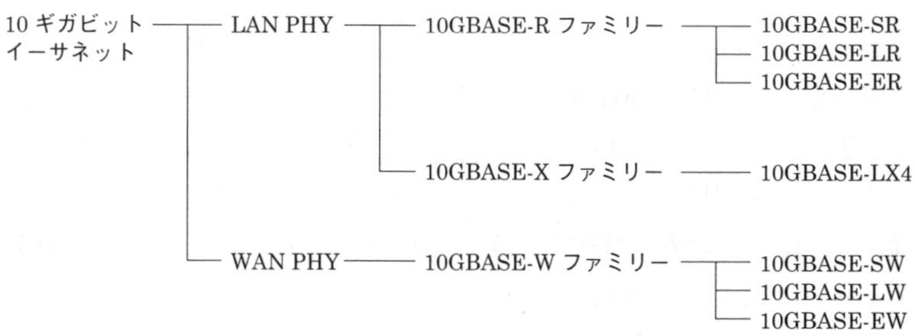

図　10ギガビットイーサネットの規格の分類

【解答　イ：④（10GBASE-ER)】

本問題と同様の問題が平成27年度第1回試験に出題されています．

2-2 ブロードバンドアクセスの技術

問 1	GE-PON	【R1-2　第1問（1）】

GE-PON の上り信号及び下り信号について述べた次の二つの記述は，（ア）.

A　GE-PON の上り信号は光スプリッタで合波されるため，各 ONU からの上り信号が衝突しないよう OLT が各 ONU に対して送信許可を通知することにより，上り信号を波長ごとに分離して衝突を回避している.

B　GE-PON の下り信号は放送形式で OLT 配下の全 ONU に到達することから，各 ONU はイーサネットフレームのプリアンブルに収容された LLID といわれる識別子を用いて受信フレームの取捨選択を行っている.

① Aのみ正しい　② Bのみ正しい
③ AもBも正しい　④ AもBも正しくない

解説

・各ONUからの上り信号は，光スプリッタで合波されOLTに送信されるため，OLT は，各 ONU に対して信号が衝突しないよう送信許可を通知することにより，各 ONU からの信号を時間ごとに分離して衝突を回避しています（A は誤り）．GE-PON では各 ONU から OLT への**上り方向の光信号の伝送では同じ波長（1.31〔μm〕帯）を使用**していますので，波長ごとの分離（波長多重）は行っていません.

OLT が各 ONU に対して送信許可を通知することにより，**上り信号を時間的に分離して衝突を回避する方式は TDMA（Time Division Multiple Access：時分割多元接続）**といいます.

・B は正しい．LLID（Logical Link Identification：論理リンク識別子）は，ONU が立ち上がったときに，通信事業者の OLT から自動的に付与されます.

【解答　ア：②（Bのみ正しい）】

本問題と同様の問題が平成 27 年度第 1 回試験に出題されています.

問2 **波長分割多重（WDM）** 【R1-2 第2問（2）】

TTC標準では，アクセス系光ファイバネットワークに用いられる伝送技術である［ （イ） ］の波長グリッドについて，温度制御の不要なレーザやフィルタなどの性能を考慮し，隣接波長との間隔は20ナノメートルと規定している．

① TDM　② TDMA　③ DWDM
④ CWDM　⑤ FDMA

解説

TTC標準では，アクセス系光ファイバネットワークに用いられる伝送技術である(イ)**CWDMの波長グリッド（波長の並び）**について，温度制御の不要なレーザやフィルタなどの性能を考慮し，**隣接波長との間隔は20ナノメートルと規定しています．**

WDMは，多重する波長が多く（16波以上）波長間隔の短いDWDM（高密度光波長分割多重）と，波長が少なく（4波から8波くらい）波長間隔の長いCWDM（低密度光波長分割多重）に分類されます．WDMの波長密度は，CWDMの場合，波長間隔で規定され，DWDMの場合，193.1〔THz〕を中心に12.5〔GHz〕，25.0〔GHz〕，50.0〔GHz〕または100〔GHz〕の周波数間隔で規定されています．

【解答 イ：④（CWDM)】

本問題と同様の問題が平成30年度第2回と平成29年度第2回および平成28年度第2回の試験に出題されています．

問3 **GE-PON** 【H31-1 第1問（1）】

GE-PONシステムで用いられているOLTのマルチポイントMACコントロール副層の機能のうち，ONUがネットワークに接続されるとそのONUを自動的に発見し，通信リンクを自動的に確立する機能は［ （ア） ］といわれる．

① DHCP　② オートネゴシエーション
③ セルフラーニング　④ 帯域制御　⑤ P2MPディスカバリ

解説

GE-PON システムで用いられている OLT のマルチポイント MAC コントロール副層の機能のうち，ONU がネットワークに接続されるとその ONU を自動的に発見し，通信リンクを自動的に確立する機能は(ア)P2MP ディスカバリといわれます．通信リンクの確立においては，OLT は ONU に LLID（論理リンク識別子）を付与します．LLID は，フレームのプリアンブルに設定され，各 ONU が受信したフレームが自分宛であるかどうかを検出するために使用されます．

なお，マルチポイント MAC コントロール副層は，GE-PON のデータリンク層のサブレイヤ（副層）の一つで，IEEE802.3ah で規定されています．

【解答　ア：⑤（P2MP ディスカバリ）】

本問題と同様の問題が平成 30 年度第 1 回試験に出題されています．

問 4　光アクセスネットワーク　【H31-1　第 2 問（2）】 ☑☑☑

光アクセスネットワークの設備構成などについて述べた次の二つの記述は，［　（イ）　］．

A　電気通信事業者の設備から配線された光ファイバの 1 心を光スプリッタを用いて分岐し，個々のユーザにドロップ光ファイバケーブルで配線する構成を採る方式は，PDS 方式といわれる．

B　電気通信事業者のビルから集合住宅の MDF 室などに設置された回線終端装置までの区間には光ファイバケーブルを使用し，MDF 室などに設置された VDSL 集合装置から各戸までの区間には VDSL 方式を適用して既設の電話用配線を利用する方法がある．

①　A のみ正しい　　②　B のみ正しい
③　A も B も正しい　　④　A も B も正しくない

解説

・A は正しい．光スプリッタでは，受動素子により光信号を電気信号に変換せず光のまま分岐させるため，それを用いた方式は PDS（Passive Double Star）方式といわれます（「Passive（パッシブ）」は受動素子を意味する）．

・B は正しい．VDSL（Very high-bit-rate Digital Subscriber Line）は，集合住宅内の既存の電話回線を使用して高速伝送を行います．VDSL は ADSL

と同様，変調方式としてDMTを使用していますが，ADSLよりも広い周波数帯域を使用してサブキャリア（副搬送波）をより多く使用できるため，ADSLよりも高い通信速度を実現できます．しかし，VDSLで使用する高い周波数帯域の信号は減衰しやすく雑音の影響を受けやすいため，伝送距離はADSLよりも短くなります．

【解答　イ：③（AもBも正しい）】

問5　GE-PON　【H30-2　第1問（1）】

GE-PONでは，OLTからの下り信号が放送形式で配下の全ONUに到達するため，各ONUは受信フレームの取捨選択をイーサネットフレームのPreambleに収容された［（ア）］といわれる識別子を用いて行っている．

① AID　② CID　③ SAID　④ SFID　⑤ LLID

解説

GE-PONでは，OLTは同一の下り信号を放送形式で配下の全ONUに送信します．各ONUは受信したフレームが自分宛であるかどうかを受信フレームのプリアンブルに収容された(ア)LLID（Logical Link IDentification：論理リンク識別子）といわれる識別子により判断し，取捨選択を行います．

【解答　ア：⑤（LLID）】

問6　CATV　【H30-1　第2問（2）】

CATVセンタからの映像をエンドユーザへ配信するCATVシステムにおいて，ヘッドエンド設備からアクセスネットワークの途中の光ノードまでの区間に光ファイバケーブルを用い，光ノードからユーザ宅までの区間に同軸ケーブルを用いるネットワークの形態は，一般に，［（イ）］といわれる．

① VDSL　② FTTH　③ シェアドアクセス
④ ADSL　⑤ HFC

解説

CATVセンタからの映像をエンドユーザへ配信するCATVシステムにおいて，

ヘッドエンド設備からアクセスネットワークの途中の光ノードまでの区間に光ファイバケーブルを用い，光ノードからユーザ宅までの区間に同軸ケーブルを用いるネットワークの形態は，一般に，(イ)HFCといわれます．

HFC（Hybrid Fiber-Coaxial）では，センタ局（ヘッドエンド）から配線する**幹線部分には伝送路の大容量化，高速化のため，光ファイバを適用**し，各家庭に配線する**ユーザ対応部分には，既存のCATV伝送設備を活用するため，同軸ケーブルを適用**しています．

【解答　イ：⑤（HFC）】

本問題と同様の問題が平成29年度第1回試験に出題されています．

問7	**GE-PON**	【H29-2　第1問（1）】

GE-PONに用いられている機器の機能について述べた次の二つの記述は，［（ア）］．

A　OLTに搭載されている機能であって，配下の複数のONUに対してONUからOLTへの上りのトラヒック量に応じて柔軟に帯域を割り当てる機能は動的帯域割当（DBA）といわれる．

B　OLTは，配下の複数のONUに対してONUからOLTへの上り信号が衝突しないよう送信許可を通知することにより，各ONUからの信号を波長ごとに分離して衝突を回避している．

① Aのみ正しい　② Bのみ正しい
③ AもBも正しい　④ AもBも正しくない

解説

・Aは正しい．

・OLTは，配下の複数のONUに対してONUからOLTへの上り信号が衝突しないよう送信許可を通知することにより，各ONUからの信号を時間ごとに分離して衝突を回避しています．GE-PONでは，ONUからOLTへの上り信号の伝送では各ONUとも同じ波長を使用しており，信号の衝突はONUからの送信時間を変えて時分割で送信することにより回避しています（Bは誤り）．

【解答　ア：①（Aのみ正しい）】

問 8 **光アクセスネットワーク** 【H29-2 第2問 (2)】 ☑☑☑

光アクセスネットワークの設備構成などについて述べた次の記述のうち，<u>誤っているもの</u>は，[(イ)]である．

① 光アクセスネットワークの設備構成のうち，電気通信事業者のビルから配線された光ファイバの1心を，分岐点において能動素子を用いた光／電気変換装置などを使用して分岐することにより，既存のメタリックケーブルを利用して複数のユーザへ配線する構成を採る方式は，ADS方式といわれる．

② 光アクセスネットワークの設備構成のうち，電気通信事業者のビルから配線された光ファイバの1心を，分岐点において光受動素子を用いて分岐し，個々のユーザの引込み区間にドロップ光ファイバケーブルを使用して配線する構成を採る方式は，PDS方式といわれる．

③ 光アクセスネットワークの設備構成のうち，電気通信事業者のビルから配線された光ファイバ回線を分岐することなく，電気通信事業者側とユーザ側に設置されたメディアコンバータなどとの間を1対1で接続する構成を採る方式は，HDSL方式といわれる．

④ 光アクセスネットワークには，波長分割多重伝送技術を使い，上り，下りで異なる波長の光信号を用いて，1心の光ファイバで上り，下り両方の信号を同時に送受信する全二重通信を行う方式がある．

解説

・①は正しい．ADSはActive Double Starの略で，「Active」は「能動素子」を意味し，ADSは能動素子を使用した分岐装置を意味します．

・②は正しい．PDSはPassive Double Starの略で，「Passive」は電気変換を行わない「受動素子」を意味します．GE-PONはPDS方式で光スプリッタという受動素子を使用して光のまま信号を分岐します．

・光アクセスネットワークの設備構成のうち，電気通信事業者側とユーザ側に設置されたメディアコンバータなどとの間を1対1で接続する構成を採る方式は，シングルスター（Single Star）といわれます．「シングル（Single）」は単一という意味です．なお，HDSLは，メタリックケーブルを使用したxDSL方式（x Digital Subscriber Line）の一種です（③は誤り）．

2章 ネットワークの技術

・④は正しい．GE-PON では上り方向（ONU → OLT）では 1.31〔μm〕帯，下り方向（OLT → ONU）では 1.49〔μm〕帯の波長を使用しています．

【解答　イ：③（誤り）】

問 9　GE-PON　【H28-2　第 1 問（1）】

GE-PON システムで用いられている OLT のマルチポイント MAC コントロール副層の機能には，大きく分けて P2MP ディスカバリに関するものと，上り　（ア）　に関するものがある．

①　フラグ同期　②　フロー制御　③　位相変調
④　帯域制御　⑤　経路選択

解説

GE-PON システムで用いられている OLT のマルチポイント MAC コントロール副層の機能には，大きく分けて P2MP ディスカバリに関するものと，上り(ア)帯域制御に関するものがあります．上り帯域制御とは，OLT が配下の複数の ONU に対して送信許可を通知することにより，ONU から OLT への上り信号が衝突しないようにするとともに，ONU の伝送情報量に合わせて必要な帯域を割り当てる制御です．P2MP ディスカバリについては本節問 3 を参照してください．

覚えよう！
OLT のマルチポイント MAC コントロール副層の機能についての問題はよく出題されています．

【解答　ア：④（帯域制御）】

問 10　GE-PON　【H27-2　第 1 問（1）】

GE-PON の設備構成又は GE-PON に用いられている機器の機能について述べた次の記述のうち，誤っているものは，　（ア）　である．

①　GE-PON は，OLT と ONU との間において光信号を合・分波し，1 台の OLT に複数の ONU が接続される設備構成をとっている．
②　OLT からの下り信号は，放送形式で OLT 配下の全 ONU に到達するため，各 ONU は，受信フレームの取捨選択をイーサネットフレー

ムのPAに収容されたLLIDといわれる識別子を用いて行っている.

③ 各ONUからの上り信号は，光スプリッタで合波されOLTに送信されるため，OLTは，各ONUに対して信号が衝突しないよう送信許可を通知することにより，各ONUからの信号を波長ごとに分離して衝突を回避している.

④ GE-PONでは，毎秒1ギガビットの上り帯域を各ONUで分け合うので，上り帯域を使用していないONUにも帯域が割り当てられることによる無駄をなくすため，OLTに動的帯域割当（DBA）アルゴリズムを搭載し，上りのトラヒック量に応じて柔軟に帯域を割り当てている.

⑤ OLTは，ONUがネットワークに接続されるとそのONUを自動的に発見し，通信リンクを自動で確立する．この機能はP2MPディスカバリといわれる.

解説

・①，②，④，⑤は正しい.

・各ONUからの上り信号は，光スプリッタで合波されOLTに送信されるため，OLTは，各ONUに対して信号が衝突しないよう送信許可を通知することにより，各ONUからの信号を時間ごとに分離して衝突を回避しています（③は誤り）．GE-PONでは各ONUからOLTへの**上り方向の光信号の伝送では同じ波長（1.31〔μm〕帯）を使用**しています．また，OLTが各ONUに対して送信許可を通知することにより，**上り信号を時間的に分離して衝突を回避する方式はTDMA（Time Division Multiple Access：時分割多元接続）**といいます.

【解答　ア：③（誤り）】

2-3 IP ネットワークの技術

問1 IPv6ヘッダ 【R1-2 第2問 (3)】

IPv6ヘッダにおいて，パケットがルータなどを通過するたびに値が一つずつ減らされ，値がゼロになるとそのパケットを破棄することに用いられるものは[　(ウ)　]といわれ，IPv4ヘッダにおけるTTLに相当する．

① トラヒッククラス　② バージョン　③ ホップリミット
④ ペイロード長　⑤ ネクストヘッダ

解説

IPv6ヘッダにおいて，パケットがルータなどを通過するたびに値が一つずつ減らされ，値がゼロになるとそのパケットを破棄することに用いられるものは，(ウ)ホップリミットです．**ホップリミットは8ビットの情報**で，IPv4のTTL(Time To Live：生存時間）と同様の役割をもちます．

【解答　ウ：③（ホップリミット)】

問2 ICMPv6 【R1-2 第2問 (4)】

IETFのRFC4443として標準化されたICMPv6などについて述べた次の二つの記述は，[　(エ)　]．

A　ICMPv6は，IPv6ノードで使用され，IPv6を構成する一部分であるが，IPv6ノードの使用形態によってはICMPv6を実装しなくてもよいと規定されている．

B　IPv6では，送信元ノードのみがパケットを分割することができ，中継ノードはパケットを分割しないで転送するため，PMTUD機能により，あらかじめ送信先ノードまでの間で転送可能なパケットの最大長を検出する．

① Aのみ正しい　② Bのみ正しい
③ AもBも正しい　④ AもBも正しくない

解説

・IPv6 ノードによって使用される ICMPv6 は，IPv6 を構成する一部分であり，IPv6 の必須機能である近隣探索（ND：Neighbor Discovery）などで使用されるため，ICMPv6 を実装しなければならないと規定されています（A は誤り）．近隣探索プロトコルとは，通信したい相手の IPv6 アドレスから相手のレイヤ 2（MAC アドレス）を求めるプロトコルです．IP から MAC アドレスを求める処理は IPv4 では ARP を使用して行われていますが，IPv6 では ICMPv6 が使用されます．このような IPv6 にとって必須の処理を行うために，ICMPv6 の実装も必須となっています．なお，IPv4 では ICMP の実装は必須ではありません．

・B は正しい．PMTUD（Path MTU Discovery）機能では，さまざまな長さのパケットが伝送され，**途中のルータでパケット長が MTU（最大パケットサイズ）を超えるパケットを受信すると破棄し，「パケット長が過大」という ICMP エラーメッセージを返送します**．このエラーメッセージによって送信側で MTU の長さを判断できます．

【解答　エ：②（B のみ正しい）】

本問題と同様の問題が平成 30 年度第 1 回試験に出題されています．

問 3　IPv6 アドレス　【H31-1　第 2 問（3）】

IPv6 アドレスは 128 ビットで構成され，マルチキャストアドレスは，16 進数で表示すると 128 ビット列のうちの［（ウ）］になる．

①　先頭 8 ビットが ff	②　末尾 8 ビットが ff
③　先頭 12 ビットが fe8	④　末尾 12 ビットが fe8
⑤　先頭 16 ビットが fd00	⑥　末尾 16 ビットが fd00

解説

IPv6 アドレスの種類として，全世界に一意な「グローバルユニキャストアドレス」，一つの LAN セグメントの中だけで使用される「リンクローカルアドレス」，ユーザ LAN の中だけで使用される「ユニークローカル IPv6 ユニキャストアドレス」，同報配信に使用される「マルチキャストアドレス」があります．これらのアドレスの種類は，IP アドレスの先頭部分にある「プレフィックス」で識別され，マルチキャストアドレスのプレフィックスは“11111111”で，16進数で表示すると(ウ)先頭8ビットがffになります．

IPv6のアドレスの種類とそれぞれのプレフィックスを下表に示します．

表　IPv6アドレスの種類とプレフィックス

アドレスの種類	プレフィックス	プレフィックスの16進表示
マルチキャスト	1111 1111	ff00::/8
リンクローカルユニキャスト	1111 1110 10	fe80::/10
ユニークローカルIPv6ユニキャスト	1111 110	fc00::/7
グローバルユニキャスト	上記以外	

【解答　ウ：①（先頭8ビットがff）】

本問題と同様の問題が平成28年度第1回試験に出題されています．

問4　**IP電話**　【H31-1　第2問（4）】☑☑☑

IP電話において，送信側からの音声パケットがIP網を経由して受信側に到着するときの音声パケットの到着間隔のばらつきによる音声品質の劣化を低減するため，一般に，受信側のVoIPゲートウェイなどでは［（エ）］機能が用いられる．

①　トンネリング　②　音声圧縮・伸張　③　非直線量子化
④　カプセル化　⑤　揺らぎ吸収

解説

IP電話において，音声パケットの受信側では，音声パケットから音声情報を取り出して切れ間なく連続的に再生する必要があります．IP網では伝送時間は厳密には一定でなく，受信側では到着間隔にばらつきがあるため，受信側のVoIPゲートウェイなどでは一定時間（数十ミリ秒程度）音声パケットを蓄積してから音声の再生を行います．これを(エ)揺らぎ吸収機能といいます．

【解答　エ：⑤（揺らぎ吸収）】

問 5	IPsec	【H31-1 第 3 問 (2)】

事業所間のインターネット VPN におけるセキュリティ確保のために用いられる［ (イ) ］は，トンネルモードとトランスポートモードの二つの転送モードを持つプロトコルである．

① PPP　② PPTP　③ IPsec　④ SSL　⑤ SSH

解説

事業所間のインターネット VPN におけるセキュリティ確保のために用いられる(イ)IPsec は，トンネルモードとトランスポートモードの二つの転送モードをもつプロトコルです．IPsec は，暗号化と認証機能によりネットワーク層より上位の情報のセキュリティを確保します．トンネルモードは IP ネットワークのルータを介したネットワーク間の情報伝送に使用され，トランスポートモードは IP 端末間の通信に適用されます．

【解答　イ：③（IPsec)】

本問題と同様の問題が平成 28 年度第 2 回試験に出題されています．

問 6	ICMPv6	【H29-2 第 2 問 (5)】

ICMPv6 について述べた次の二つの記述は，［ (オ) ］．

A　IETF の RFC では，ICMPv6 は，IPv6 に不可欠な一部であり，全ての IPv6 ノードは完全に ICMPv6 を実装しなければならないと規定されている．

B　ICMPv6 の情報メッセージでは，IPv6 のアドレス自動構成に関する制御などを行う ND（Neighbor Discovery）プロトコルで使われるメッセージなどが定義されている．

① A のみ正しい　② B のみ正しい
③ A も B も正しい　④ A も B も正しくない

解説

A と B は正しい．ND（Neighbor Discovery：近隣探索）プロトコルでは，ICMPv6 を使用してルータ探索やルータからの通知メッセージの受信，通信相手の MAC アドレスの探索を行うために，ICMPv6 にさまざまなメッセージタイプ（タイプ 133～137）が定義されています．

【解答　オ：③（A も B も正しい）】

本問題と同様の問題が平成 28 年度第 1 回試験に出題されています．

問 7　**IPv6 アドレス**　【H29-1　第 2 問（3）】

IPv6 アドレスについて述べた次の二つの記述は，［（ウ）］．

A　ユニキャストアドレスの基本構造において，一般に，上位部分はリンクの識別に用いられるサブネットプレフィックス，下位部分はリンク内のインタフェースの識別に用いられるインタフェース ID といわれる．

B　マルチキャストアドレスは，128 ビット列のうちの上位 16 ビットを 16 進数で表示すると fec0 である．

①　A のみ正しい　　②　B のみ正しい
③　A も B も正しい　　④　A も B も正しくない

解説

・A は正しい．IPv6 アドレスは，上位 64 ビットの「サブネットプレフィックス」と「インタフェース ID」により構成されます．サブネットプレフィックスはネットワーク（リンク）の識別に使用され，インタフェース ID はホスト（端末）の識別に使用されます．

・IPv6 のマルチキャストアドレスのプレフィックスは“11111111”で，16 進数で表示すると，先頭 8 ビットは ff になります（B は誤り）．

【解答　ウ：①（A のみ正しい）】

問 8　**IPsec**　【H28-1　第 3 問（4）】

IPsec-VPN について述べた次の二つの記述は，［（エ）］．

A　IPsec-VPN は，企業の各拠点相互を LAN 間接続する場合に用いられるが，移動中や遠隔地のパーソナルコンピュータからインターネット経由で企業のサーバにリモートアクセスする場合には用いられない．

B　IPsec の通信モードには，送信する IP パケットのペイロード部分だけ

を暗号化するトンネルモードと，IPパケットのIPヘッダ部まで含めて暗号化するトランスポートモードがある.

① Aのみ正しい　② Bのみ正しい
③ AもBも正しい　④ AもBも正しくない

解説

・IPsec-VPNは，企業の各拠点相互をLAN間接続する場合のほかに，移動中や遠隔地のパーソナルコンピュータからインターネット経由で企業のサーバにリモートアクセスする場合にも用いられています（Aは誤り）.
・IPsecの通信モードには，送信するIPパケットのペイロード部分だけを暗号化するトランスポートモードと，IPパケットのIPヘッダ部まで含めて暗号化するトンネルモードがあります（Bは誤り）.

IPsecの**トンネルモード**は，企業の各拠点相互をLAN間接続する場合に用いられ，IPパケットのIPヘッダ部まで含めて暗号化されます．一方，**トランスポートモード**は，パーソナルコンピュータからインターネット経由で企業のサーバにリモートアクセスする場合に用いられ，送信するIPパケットのペイロード部分だけが暗号化されます.

【解答　エ：④（AもBも正しくない）】

問9　IPv6アドレス　【H27-2　第2問（1）】 ☑☑☑

IPv6のアドレスについて述べた次の二つの記述は，（ア）.

A　IPv6のアドレスを大別すると，ユニキャストアドレス，マルチキャストアドレス及びブロードキャストアドレスの三つの種別がある.

B　IPv6のアドレス長128ビットのうち，上位16ビットを16進数で表示した値がfe80となるアドレスは，ユニキャストアドレスのうちのリンクローカルユニキャストアドレスである.

① Aのみ正しい　② Bのみ正しい
③ AもBも正しい　④ AもBも正しくない

解説

・IPv6のアドレスを大別すると，ユニキャストアドレス，マルチキャストアドレスおよびエニーキャストアドレスの三つの種別があります（Aは誤り）．エニーキャストアドレスは複数のノードに割り当てられますが，応答するノードは一つだけで，ユニキャストアドレスと同様1対1通信が行われます．

IPv4との違いは，IPv6にはブロードキャストアドレスがなく，IPv6特有のエニーキャストアドレスがあること．

・Bは正しい．IPv6アドレスの種類とプレフィックスの値は本節問3の解説の表を参照のこと．

【解答　ア：②（Bのみ正しい）】

問10　**ICMPv6**　【H27-2　第2問（5）】

IETFのRFC4443において標準化されたICMPv6などについて述べた次の二つの記述は，［（オ）］．

A　IPv6ノードによって使用されるICMPv6は，IPv6に不可欠な一部であり，全てのIPv6ノードはICMPv6を完全に実装しなければならないと規定されている．

B　IPv6では，送信元ノードのみがパケットを分割することができ，中継ノードはパケットを分割しないで転送するため，PMTUD機能により，あらかじめ送信先ノードまでの間で転送可能なパケットの最大長を検出する．

①　Aのみ正しい　　②　Bのみ正しい
③　AもBも正しい　④　AもBも正しくない

解説

・Aは正しい．IPv6ノードによって使用されるICMPv6は，IPv6の必須機能である近隣探索（ND：Neighbor Discovery）などで使用されるため，IPv6に不可欠な一部であり，すべてのIPv6ノードはICMPv6を完全に実装しなければならないと規定されています．

・Bは正しい．

【解答　オ：③（AもBも正しい）】

問 11	IPv6アドレス	【H27-1 第2問 (1)】

IPv6アドレスの特徴などについて述べた次の記述のうち，正しいものは，（ア）である．

① IPv6アドレスを大別すると，ユニキャストアドレス，マルチキャストアドレス及びブロードキャストアドレスの三つの種別がある．
② ユニキャストアドレスは，アドレス構造をもたずに16バイト全体でノードアドレスを示すものと，先頭の複数ビットがサブネットプレフィックスを示し，残りのビットがインタフェースIDを示す構造を有するものに大別される．
③ ユニキャストアドレスのうちリンクローカルユニキャストアドレスは，特定リンク上に利用が制限されるアドレスであり，128ビット列のうちの上位16ビットを16進数で表示するとfec0である．
④ マルチキャストアドレスは，128ビット列のうちの上位16ビットを16進数で表示するとfe80である．
⑤ ブロードキャストアドレスは，IPv6ネットワーク全体のホストに同時に送信する場合に使用するアドレスで，全ビットが1である．

解説

- IPv6アドレスを大別すると，**ユニキャストアドレス**，**マルチキャストアドレスおよびエニーキャストアドレス**の三つの種別があります（①は誤り）．
- ②は正しい．ユニキャストアドレスのうち，アドレス構造をもたずに16〔byte〕全体でノードアドレスを示すものとして「**リンクローカルユニキャストアドレス**」があります．また，先頭の複数ビットがサブネットプレフィックスを示し，残りのビットがインタフェースIDを示す構造を有するものとして「**グローバルユニキャストアドレス**」と「**ユニークローカルIPv6ユニキャストアドレス**」があります．IPv6アドレスの種類は本節問3の解説を参照のこと．
- ユニキャストアドレスのうち**リンクローカルユニキャストアドレス**は，特定リンク上に利用が制限されるアドレスであり，128ビット列のうちの上位16〔bit〕を16進数で表示するとfe80です（③は誤り）．
- **マルチキャストアドレス**は，128ビット列のうちの上位16〔bit〕を16進数で表示するとff00です（④は誤り）．

・IPv6にはブロードキャストアドレスはありませんが，IPv6ネットワーク全体のホストに同時に送信する場合には，**オールノードマルチキャストアドレス**を使用します．オールノードマルチキャストアドレスとして，**インタフェースローカルスコープ**（ff01::1）と**リンクローカルスコープ**（ff02::1）が定義されています（⑤は誤り）．

【解答　ア：②（正しい）】

問12	**ICMPv6**	【H27-1　第2問（4）】

IETFのRFC4443において標準化されたICMPv6及びRFC4861において標準化された近隣探索の機能などについて述べた次の記述のうち，誤っているものは，［（エ）］である．

① IPv6ノードによって使用されるICMPv6は，IPv6に不可欠な一部であり，全てのIPv6ノードはICMPv6を完全に実装しなければならないと規定されている．

② 近隣探索（Neighbor Discovery）の機能は，経路決定のためにルータ発見，プレフィックス発見，次ホップ決定，リダイレクトなどを提供する．

③ ICMPv6の情報メッセージでは，IPv6のアドレス自動構成に関する制御などを行う近隣探索の機能で使われるメッセージなどが定義されている．

④ ICMPv6のエラーメッセージでは，IPv6上でマルチキャストグループの制御などを行うMLD（Multicast Listener Discovery）プロトコルで使われるメッセージなどが定義されている．

⑤ IPv6では，送信元ノードのみがパケットを分割することができ，中継ノードはパケットを分割しないで転送するため，PMTUD機能により，あらかじめ送信先ノードまでの間で転送可能なパケットの最大長を検出する．

解説

・①，②は正しい．

・③は正しい．ND（Neighbor Discovery：近隣探索）プロトコルでは，タイ

プ133～137のICMPv6を使用してルータ探索やルータからの通知メッセージの受信，通信相手のMACアドレスの探索を行います．

・ICMPv6の情報メッセージでは，IPv6上でマルチキャストグループの制御などを行うMLD(Multicast Listener Discovery)プロトコルで使われるメッセージなどが定義されています（④は誤り）．**ICMPv6のメッセージの種類は，メッセージタイプで指定**され，タイプ0～127の**エラーメッセージ**と，タイプ128～255の**情報メッセージ**の大きく2種類に分類されます．ICMPv6のメッセージタイプの例を下表に示します．

・⑤は正しい．PMTUD（Path MTU Discovery）機能では，途中のルータでパケット長がMTU（最大パケットサイズ）を超えるパケットを受信すると破棄し，「パケット長が過大」というICMPエラーメッセージ（タイプ2）を返送します．このエラーメッセージによって送信側でMTUの長さを判断できます．

表　ICMPv6のメッセージタイプの例

分　類	タイプ	メッセージの意味
エラー	1	指定された宛先に到達できなかった
	2	パケットが大きすぎるために転送できず廃棄された
	3	パケットが転送中に時間超過したため廃棄された
	4	ICMPv6のパラメータが誤っている
情　報	128	宛先にエコー（応答）を要求
	129	エコー要求に対する応答
	130	IPv6マルチキャストグループの参加を問い合わせる
	131	加入しているIPv6マルチキャストグループを報告
	132	IPv6マルチキャストグループからの離脱を報告
	133	同一リンク上におけるIPv6ルータを探索
	134	ルータからの応答で，ルータが自身のIPv6アドレス等を通知
	135	該当のIPv6アドレスをもつノードにMACアドレスの返送を要請
	136	要請に応じてMACアドレスを返送
	137	宛先への中継が最短となる転送先を通知（Redirect）

＊：タイプ133～137のメッセージは近隣探索で使用される．

【解答　エ：④（誤り）】

2-4 MPLSを使用したネットワーク

問1 **EoMPLS** 【R1-2 第2問 (5)】

広域イーサネットにおいて用いられるEoMPLSについて述べた次の二つの記述は，[(オ)].

A　EoMPLSにおけるラベル情報を参照するラベルスイッチング処理によるフレームの転送速度は，一般に，レイヤ3情報を参照するルーティング処理によるパケットの転送速度と比較して遅い．

B　MPLS網内を転送されたMPLSフレームは，一般に，MPLSドメインの出口にあるラベルエッジルータに到達した後，MPLSラベルの除去などが行われ，オリジナルのイーサネットフレームとしてユーザネットワークのアクセス回線に転送される．

① Aのみ正しい　② Bのみ正しい
③ AもBも正しい　④ AもBも正しくない

解説

・EoMPLSにおけるラベル情報を参照するラベルスイッチング処理によるフレームの転送速度は，一般に，レイヤ3情報を参照するルーティング処理によるパケットの転送速度と比較して速い．MPLSでは，MPLSラベルのみを参照してルーティング（ラベルスイッチング）を行うため，**IPルーティングよりも処理負荷が少なく高速転送が行えます**（Aは誤り）．

・Bは正しい．**ラベルエッジルータ（LER）はユーザネットワークを接続する装置**で，ユーザネットワークのアクセス回線からパケットを受信するときにMPLSラベルを付加し，MPLSフレーム(パケット)をMPLS網からユーザネットワークのアクセス回線に転送するときにMPLSラベルを除去します．

【解答　オ：②（Bのみ正しい)】

問2　MPLS網の構成　【H31-1　第2問（5）】

MPLS網の構成などについて述べた次の二つの記述は，（オ）．

A　MPLS網を構成する主な機器には，MPLSラベルを付加したり，外したりするラベルエッジルータと，MPLSラベルを参照してフレームを転送するラベルスイッチルータがある．

B　EoMPLSにおけるラベル情報を参照するラベルスイッチング処理によるフレームの転送速度は，一般に，レイヤ3情報を参照するルーティング処理によるパケットの転送速度と比較して遅い．

①　Aのみ正しい　②　Bのみ正しい
③　AもBも正しい　④　AもBも正しくない

解説

・Aは正しい．ラベルエッジルータ（LER：Label Edge Router）はユーザネットワークを接続する装置で，ラベルスイッチルータ（LSR：Label Switching Router）はMPLS網内にあってフレームを転送するルータです．

・EoMPLSにおけるラベル情報を参照するラベルスイッチング処理によるフレームの転送速度は，一般に，レイヤ3情報を参照するルーティング処理によるパケットの転送速度と比較して速い．MPLSは，レイヤ3情報を参照するルーティングを行う一般のIPネットワークよりも高速伝送を行うために開発されたプロトコルです（Bは誤り）．

【解答　オ：①（Aのみ正しい）】

問3　MPLSルータ　【H30-2　第2問（4）】

広域イーサネットなどにおいて用いられるEoMPLS技術について述べた次の二つの記述は，（エ）．

A　MPLS網を構成する機器の一つであるラベルスイッチルータ（LSR）は，MPLSラベルを参照してMPLSフレームを高速中継する．

B　MPLS網内を転送されたMPLSフレームは，一般に，MPLSドメインの出口にあるラベルエッジルータ（LER）に到達した後，MPLSラベルが取り除かれ，オリジナルのイーサネットフレームとしてユーザネットワークのアクセス回線に転送される．

① Aのみ正しい　② Bのみ正しい
③ AもBも正しい　④ AもBも正しくない

解説

・Aは正しい．LSR（Label Switching Router）は，MPLS網内においてMPLSラベルを参照して高速中継を行うルータです．

・Bは正しい．ラベルエッジルータ（LER）は，MPLS網においてユーザネットワークを接続するためのルータで，MPLS網からユーザネットワークに転送するときはMPLSラベルを取り除き，この逆に，イーサネットフレームがユーザネットワークからMPLS網に転送されるときは，MPLSラベルを付加します．

【解答　エ：③（AもBも正しい）】

問4　**EoMPLS**　【H30-1　第2問（4）】

広域イーサネットなどにおいて用いられるEoMPLSでは，ユーザネットワークのアクセス回線から転送されたイーサネットフレームは，一般に，MPLSドメインの入口にあるラベルエッジルータでPA（PreAmble/SFD）とFCSが除去され，レイヤ2転送用の［（エ）］とMPLSヘッダが付与される．

① MACヘッダ　② VCラベル　③ VLANタグ
④ IPヘッダ　⑤ TCPヘッダ

解説

EoMPLSでは，ユーザネットワークのアクセス回線から転送されたイーサネットフレームは，一般に，MPLSドメインの入口にあるラベルエッジルータでPA（PreAmble/SFD）とFCS（Frame Check Sequence）が除去され，レイヤ2転送用の(エ)MACヘッダとMPLSヘッダが付与されます．VPNの識別情報はMPLSラベルに含まれるため，VLANタグは使用されません．それ以外でレイヤ2のヘッダはMACヘッダだけです．

【解答　エ：①（MACヘッダ）】

問5 MPLSのラベル 【H28-1 第2問（5）】

広域イーサネットで用いられるEoMPLSなどについて述べた次の記述のうち，誤っているものは，［（オ）］である．

① EoMPLSは，MPLS網内でイーサネットフレームを転送する技術である．

② MPLS網を構成する主な機器には，MPLSラベルを付加したり，外したりするラベルエッジルータ（LER）と，MPLSラベルを参照してフレームを高速中継するラベルスイッチルータ（LSR）がある．

③ ユーザネットワークのアクセス回線から転送されたイーサネットフレームは，一般に，MPLSドメインの入口にあるLERでPA（PreAmble/SFD）とFCSが除去され，レイヤ2転送用ヘッダのほかに，MPLSラベルが付与される．

④ MPLSラベルは，トンネルラベルとVCラベルから成り，トンネルラベルはMPLS網内のLSRで付け替えられて転送される．

⑤ EoMPLSにおいて，ラベルスイッチングは，レイヤ2スイッチで用いられている転送方式の一つであるフラグメントフリー方式と同様の仕組みにより動作する．

解説

・①～③は正しい．

・④は正しい．MPLSのラベルは，トンネルラベルとVCラベルから成り，イーサネットフレームの前にVCラベルが，VCラベルの前にトンネルラベルが設定されます（次頁の図）．VCラベルはMPLSのエッジルータ（LER）間のパスを指定し，MPLS網内では変更されません．MPLS網内のルートはトンネルラベルで指定され，トンネルラベルはMPLS網内のLSRで付け替えられて転送されます．

・EoMPLSにおいて，MPLS網内のラベルスイッチングでは，レイヤ2スイッチで用いられている転送方式の一つであるカットアンドスルー方式によりトンネルラベルのみを参照してルーティングされます（⑤は誤り）．

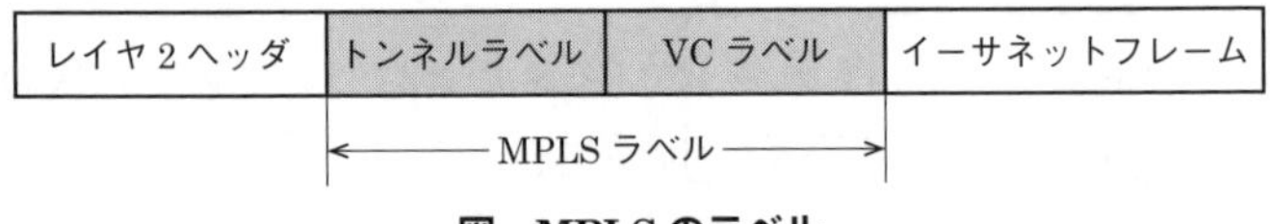

図　MPLS のラベル

【解答　オ：⑤（誤り）】

問 6	EoMPLS	【H27-2　第2問（4）】

広域イーサネットで用いられる EoMPLS 技術などについて述べた次の記述のうち，誤っているものは，［（エ）］である．

① MPLS 網を構成する主な機器には，MPLS ラベルを付加したり，外したりするラベルエッジルータ（LER：Label Edge Router）と，MPLS ラベルをみてフレームを高速中継するラベルスイッチルータ（LSR：Label Switch Router）の 2 種類がある．

② ユーザネットワークのアクセス回線から転送されたイーサネットフレームは，一般に，MPLS ドメインの入口にある LER で PA（PreAmble/SFD）と FCS が除去され，MPLS 網内を転送するためのレイヤ 2 転送用ヘッダと MPLS ラベルが付加される．

③ LER から送出された MPLS フレームは，MPLS ラベルに基づき LSR に転送される．

④ 固定長の MPLS ラベル情報は，4 バイトのシムヘッダフィールドに格納される．

⑤ MPLS 網内を転送された MPLS フレームは，一般に，MPLS ドメインの出口にある LER で MPLS 網内を転送するための IP ヘッダが除去され，イーサネットフレームとしてユーザネットワークのアクセス回線に転送される．

解説

・①〜③は正しい．

・④は正しい．「シムヘッダ」は 4 バイトの MPLS ラベルのことで，レイヤ 2 ヘッダとレイヤ 3（IP）ヘッダの間（EoMPLS の場合はレイヤ 2 ヘッダとイー

サネットヘッダの間）に付与されます．

・MPLS網内を転送されたMPLSフレームは，一般に，MPLSドメインの出口にあるLERでMPLS網内を転送するためのMPLSラベルとレイヤ2ヘッダが除去され，イーサネットフレームとしてユーザネットワークのアクセス回線に転送されます（⑤は誤り）．

【解答　エ：⑤（誤り）】

問7	EoMPLS	【H27-1　第2問（5）】

広域イーサネットで用いられるEoMPLS技術などについて述べた次の二つの記述は，（オ）．

A　MPLS網内でイーサネットフレームを転送するEoMPLSは，レイヤ2スイッチで用いられているフラグメントフリーの方法でラベルスイッチングを行う．

B　ユーザネットワークのアクセス回線から転送されたイーサネットフレームは，一般に，MPLSドメインの入口にあるラベルエッジルータでPA（PreAmble/SFD）とFCSが除去され，レイヤ2転送用ヘッダのほかに，MPLSラベルが付与される．

①　Aのみ正しい　　②　Bのみ正しい
③　AもBも正しい　　④　AもBも正しくない

解説

・MPLS網内でイーサネットフレームを転送するEoMPLSは，レイヤ2スイッチで用いられているカットアンドスルーの方法でラベルスイッチングを行います（Aは誤り）．

MPLSのラベルとMPLS網内でのラベルスイッチングの方法は，本節問5を参照のこと．

・Bは正しい．

【解答　オ：②（Bのみ正しい）】

2-5 ATM

問1　ATM網の通信品質と伝送路符号　【H30-2　第2問（5）】

ATMの技術などについて述べた次の二つの記述は，［（オ）］．

A　ATM網の通信品質は，セル損失率だけではなく，セルを受信端末に送り届けるまでに要する時間，遅延時間の揺らぎの程度などのパラメータも規定されている．

B　伝送コンバージェンスサブレイヤにおいて，転送される信号は，伝送媒体ごとに光信号はNRZ符号に，電気信号はCMI符号に伝送路符号化される．

①　Aのみ正しい　　②　Bのみ正しい
③　AもBも正しい　④　AもBも正しくない

解説

・Aは正しい．ATMの通信品質を示すパラメータとして，セル損失率，伝送遅延時間，遅延時間の揺らぎ（CVT：Cell Delay Variation：セル遅延変動）が規定されています．

・ATMで転送される信号の伝送路符号化は，物理媒体サブレイヤで行われます．伝送媒体ごとに光ファイバケーブル上で伝送される光信号はスクランブルド2値NRZ符号に，UTPケーブル上で伝送される電気信号はNRZI符号に伝送路符号化されます（NTTのATM専用サービスの技術参考資料より，Bは誤り）．

ATMプロトコルの**伝送コンバージェンスサブレイヤ**では，ATMセルの速度整合とATMセルヘッダの誤り検査／訂正を行い，伝送路符号化や電気／光信号変換などの物理媒体に依存する処理は**物理媒体サブレイヤ**で行います．

【解答　オ：①（Aのみ正しい）】

問2　ATMプロトコル　【H30-1　第2問（5）】

SDHベースのユーザ・網インタフェースにおけるATMの各レイヤのうち［（オ）］の機能には，受け取ったセルの速度を伝送路の情報伝送容量と一致させるためのセル流の速度整合，セル同期の確立，セルヘッダの誤り訂正などがある．

① 物理媒体依存サブレイヤ　② セル分割／組立てサブレイヤ
③ 共通部コンバージェンスサブレイヤ
④ 伝送コンバージェンスサブレイヤ
⑤ サービス依存部コンバージェンスサブレイヤ

解説

SDHベースのユーザ・網インタフェースにおけるATMの各レイヤのうち(オ)伝送コンバージェンスサブレイヤの機能には，受け取ったセルの速度を伝送路の情報伝送容量と一致させるための**セル流の速度整合，セル同期の確立，セルヘッダの誤り検査／訂正**などがあります．**伝送コンバージェンスサブレイヤは下図に示すように，物理層に含まれるサブレイヤ（副層）です．**

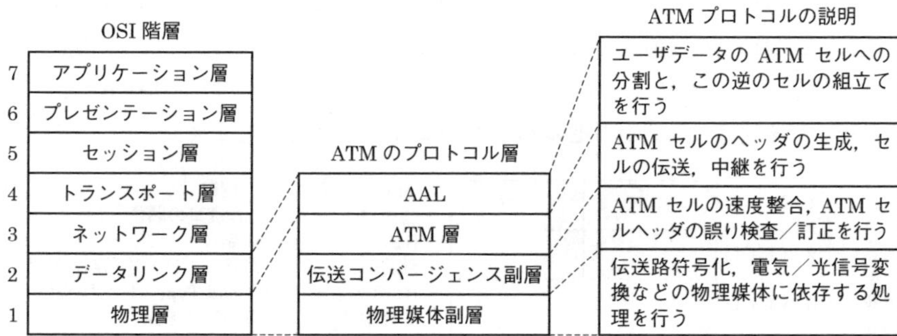

図　ATMのプロトコル構成

【解答　オ：④（伝送コンバージェンスサブレイヤ）】

本問題と同様の問題が平成28年度第1回試験に出題されています．

覚えよう！
ATMプロトコルの伝送コンバージェンスサブレイヤの機能を問う問題はよく出題されるので覚えておこう．

問3	伝送コンバージェンスサブレイヤ	【H29-1　第2問（5）】

SDHベースのユーザ・網インタフェースにおけるATMの各レイヤのうち，伝送コンバージェンスサブレイヤの機能について述べた次の二つの記述は，（オ）．

A　必要に応じて空きセルをパディングしてセル流の速度整合を行う．

B　セル同期の確立及びセルヘッダの誤り訂正を行う．

①　Aのみ正しい　　②　Bのみ正しい
③　AもBも正しい　　④　AもBも正しくない

解説

伝送コンバージェンスサブレイヤは，ATMの物理層のサブレイヤ（副層）の一つで，伝送されるセルの速度整合（伝送速度を一定にする），セル同期の確立およびセルヘッダの誤り検査／訂正の機能をもちます（A，Bとも正しい）．

「セル同期」とは，伝送されるセルビット列からセルの先頭を見つけ出すことであり，「セルヘッダの誤り検査／訂正」とは，セルのヘッダ部の誤っている部分を検出し元の正しい値に訂正することです．セル同期とセルヘッダの誤り訂正には，セルのヘッダ部にある1バイトのHEC（Header Error Control）が使用されます．HECの位置を正しく認識し，HECによってセルヘッダの内容が正しいと確認することによって，「セル同期」と「セルヘッダの誤り検査／訂正」が同時に行えます．ATMのセルヘッダの構成を下図に示します．

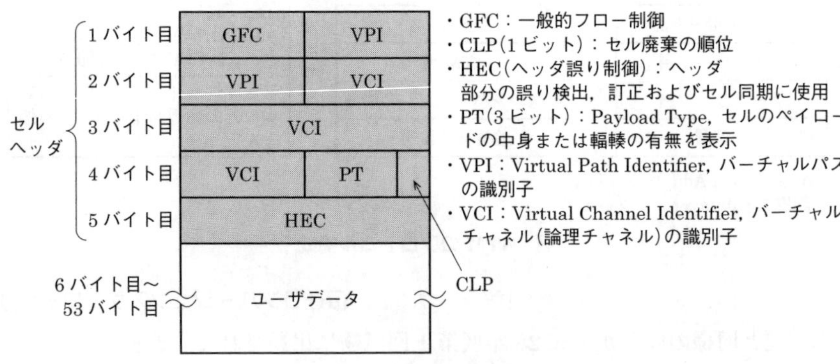

図　セルヘッダの構成

【解答　オ：③（AもBも正しい）】

問4	ATMのセルヘッダとプロトコル	【H28-2　第2問（4）】

ATMの技術などについて述べた次の二つの記述は，（エ）．

A　ATMセルのヘッダ部にあるCLPフィールドのビット値が0の場合は，ATM網が輻輳（ふくそう）状態に陥ったときなどに優先的に破棄されるセルであることを示す．

B　SDHベースのユーザ・網インタフェースにおいて，伝送コンバージェンスサブレイヤで生成・挿入された空きセルは，転送先の伝送コンバージェンスサブレイヤで破棄される．

① Aのみ正しい　② Bのみ正しい
③ AもBも正しい　④ AもBも正しくない

解説

・ATM網が輻輳状態に陥ったときなどに，優先的に破棄されるセルは，ATMセルのヘッダ部にあるCLP（Cell Loss Priority）フィールドのビット値が“1”です（“0”のときは破棄されない．Aは誤り）．

・Bは正しい．空きセルの挿入・削除は速度整合のために行われるもので，有効なデータは含まれないため，転送先で受信された空きセルは削除されます．**空きセルの挿入・削除はATMプロトコルの伝送コンバージェンスサブレイヤで行われます．**

【解答　エ：②（Bのみ正しい）】

問5	ATMレイヤの機能	【H27-2　第2問（3）】

SDHベースのユーザ・網インタフェースにおけるATMの各レイヤのうち，物理媒体依存サブレイヤの機能について述べた次の記述のうち，正しいものは，（ウ）である．

① 伝送媒体に光ファイバを使用する場合，NRZ符号により伝送路符号化を行う．
② 連続するビット列からセルの先頭を見つけ出しセル同期を行う．
③ 上位レイヤからのセル流を下位レイヤに流すための速度整合を行う．

2章　ネットワークの技術

④ 下位レイヤから受信したセルには，セル境界の識別を行う．

⑤ セルのヘッダ部の誤り検査／訂正を行う．

解説

・①は正しい．NRZ (Non Return to Zero) は，伝送媒体が光ファイバの場合，ビットのスロットごとに，ビットの値（“1” または “0”）を，光信号のレベル（HIGH または LOW）に対応させる方式です．NRZ の波形パターンを下図に示します．

・セル同期，速度整合，セル境界の識別（セル同期と同じ機能），セルのヘッダ部の誤り検査／訂正は，ATM の物理媒体依存サブレイヤの機能ではなく，**伝送コンバージェンスサブレイヤの機能**です（②～⑤は誤り）．

ATM のプロトコル構成は本節問 2 の解説を参照．

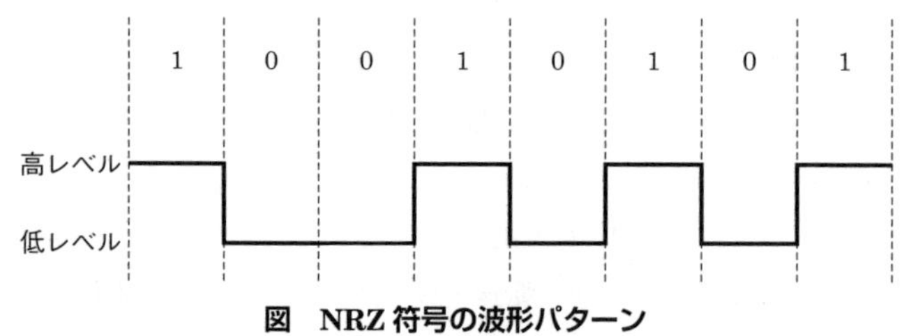

図　NRZ 符号の波形パターン

【解答　ウ：①（正しい）】

問 6　ATM のプロトコル　【H27-1　第 2 問（3）】

SDH ベースのユーザ・網インタフェースにおける伝送コンバージェンスサブレイヤの機能について述べた次の記述のうち，誤っているものは，（ウ）である．

① 上位レイヤからのセル流を下位レイヤに流すための速度整合を行う．

② 下位レイヤから受信したセルには，セル境界の識別を行う．

③ セルヘッダ部の誤り検査／訂正を行う．

④ 自己同期スクランブラといわれるアルゴリズムによりセル同期を行う．

⑤ GFC（Generic Flow Control：一般的フロー制御）機能をサポートしている装置では，非割当てセルの生成／廃棄を行う．

解説

・①～④は正しい．**ATMセルの速度整合，セルヘッダ部の誤り検査／訂正，セル境界の識別とセル同期の各機能は，ATMの伝送コンバージェンスサブレイヤの機能**です．

・**GFCは，ATM端末とATM網間のフロー制御を行うために割り当てられている領域です．**ATM網が輻輳状態になると，GFCには0以外の値が設定されます．このとき，GFC機能をサポートしている装置（ATM端末）では，優先度が低いデータをATM網に送り込まないように制御します（⑤は誤り）．

【解答　ウ：⑤（誤り）】

［コラム］**ATMセルの速度整合**

ATMプロトコルの問題は，物理層のサブレイヤ（副層）の一つである伝送コンバージェンスサブレイヤに関する問題が多く出題されています．伝送コンバージェンスサブレイヤの機能のうち，セルの誤り検査／訂正，セル同期およびセルの先頭位置の識別は，本節問3で述べたように，セルヘッダの1バイトの制御情報HECを用いて行われます．以下では，伝送コンバージェンスサブレイヤのもう一つの機能であるセルの速度整合について説明します．

セルは53〔byte〕の固定長（ヘッダ長5〔byte〕，データ長48〔byte〕）で，下図のように回線上を切れ間なく伝送されます．ここで，セルで伝送されるデータ量が回線の伝送容量よりも少ない場合には，データを含まない空きセルが挿入されます．この空きセルは，転送データ量と回線容量に合わせて，送信側と中継装置において挿入または削除が行われます．

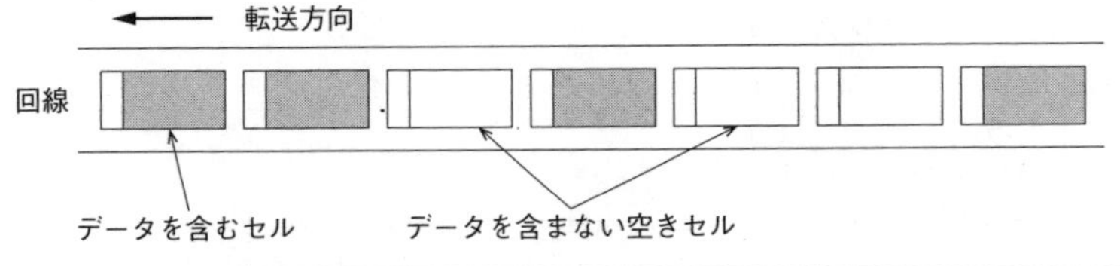

［コラム］IPv6 のパケットフォーマット

2-3 節で述べた IPv6 のパケットフォーマットについて説明します（IPv6 アドレスの種類とパケットの種別を表すプレフィックスは，2-3 節の問 3 の表を参照）．

・**グローバルユニキャストアドレス**：先頭のグローバルルーティングプレフィックスは，全世界でユニークな番号で，IP アドレスを管理する国際機関 IANA で管理されています．

（ビット数）	48	16	64
	グローバルルーティングプレフィックス	サブネット ID	インタフェース ID

サブネット ID：ユーザネットワークのサブネットの識別子（ID）
インタフェース ID：ユーザネットワーク内のホストの識別子

・**ユニークローカル IPv6 ユニキャストアドレス**：個々のユーザネットワークに閉じて使用されるアドレスで，全世界でユニークであることは保証されません．

（ビット数）	7	1	40	16	64
	プレフィックス（1111 110）	L	グローバル ID	サブネット ID	インタフェース ID

L=0：将来定義
L=1：独自割当て（ランダムなグローバル ID を使用）

・**リンクローカルユニキャストアドレス**：ルータを介さない同一リンク内のホスト間の通信でのみ使用可能なアドレスで，アドレス自動設定や近隣探索で使用されます．

（ビット数）	10	54	64
	プレフィックス（1111 1110 10）	0000 ……… 0000	インタフェース ID

・**マルチキャストアドレス**：グループ ID に属する全ホストに同報配信するためのアドレスです．

（ビット数）	8	4	4	112
	プレフィックス（1111 1111）	フラグ	スコープ	グループ ID

フラグ：マルチキャストアドレスの割当てが恒久的か一時的かを示す．
スコープ：マルチキャストアドレス・グループの有効範囲を表す．

3章 情報セキュリティの技術

本章の出題項目

3-1　情報セキュリティの概要と脅威
3-2　電子認証技術とデジタル署名技術
3-3　端末設備とネットワークのセキュリティ
3-4　情報セキュリティ管理

3-1 情報セキュリティの概要と脅威

問1	DoS 攻撃	【R1-2　第3問（1）】

発信元の IP アドレスを攻撃対象のホストの IP アドレスに偽装した ICMP エコー要求パケットを，攻撃対象のホストが所属するネットワークのブロードキャストアドレス宛に送信することにより，攻撃対象のホストを過負荷状態にする DoS 攻撃は，一般に，（ア）攻撃といわれる．

①　リプレイ　②　ゼロデイ　③　ブルートフォース
④　スマーフ　⑤　Ping of Death

解説

発信元の IP アドレスを攻撃対象のホストの IP アドレスに偽装した ICMP エコー要求パケットを，攻撃対象のホストが所属するネットワークのブロードキャストアドレス宛に送信することにより，攻撃対象のホストを過負荷状態にする DoS 攻撃は，一般に，(ア)スマーフ攻撃といわれます．発信元の IP アドレスが攻撃対象のホストの IP アドレスに偽装されているため，ブロードキャストの応答は攻撃対象のホストに送られます．**ブロードキャストを受信したネットワーク内のホストが一斉に応答パケットを返すため，攻撃対象のホストにパケットが集中します．**

【解答　ア：④（スマーフ）】

本問題と同様の問題が平成 27 年度第 2 回試験に出題されています．

問2	Web サイトへの攻撃	【R1-2　第3問（3）】

クロスサイトスクリプティングについて述べた次の記述のうち，正しいものは，（ウ）である．

①　相対パスによる表記を利用することにより，本来アクセスを想定しないディレクトリへアクセスさせる攻撃である．
②　標的となる Web サイトに攻撃用のスクリプトを混入させ，Web サ

イトを利用したユーザのWebブラウザ上でこれを実行させて情報を奪取することができる.

③ 閲覧者からのデータの入力や操作を受け付けるようなWebサイトにおいて，攻撃者がURLのパラメータなどにOSのコマンドを挿入し，Webサイトの運営者が意図しないOSコマンドを実行する攻撃である.

④ スクリプトとして動作する元となる文字を別の文字列に変換し，入力データに含まれるHTMLタグなどを無効化する処理である.

解説

・相対パスによる表記を利用することにより，本来アクセスを想定しないディレクトリへアクセスさせる攻撃は，ディレクトリトラバーサルといいます（①は誤り）.

・②は正しい．スクリプトとはコンパイルを省略して実行できる簡易プログラムのことで，被害は標的となるWebサイトではなく，Webサイトを利用するユーザに及ぶため，攻撃名称に「クロスサイト」という言葉が付けられています．クロスサイトスクリプティングでは，攻撃者が標的となるWebサイトにユーザを誘導し，悪意のあるスクリプトを実行させます．このため，Cookie（クッキー）の漏えいやデータ破壊などの被害が発生します.

・閲覧者からのデータの入力や操作を受け付けるようなWebサイトにおいて，攻撃者がURLのパラメータなどにOSのコマンドを挿入し，Webサイトの運営者が意図しないOSコマンドを実行する攻撃は，OSコマンドインジェクションといいます（③は誤り）.

・スクリプトとして動作する元となる文字を別の文字列に変換し，入力データに含まれるHTMLタグなどを無効化する処理は，サニタイジングで，クロスサイトスクリプティング対策として用いられます（④は誤り）.

【解答　ウ：②（正しい）】

本問題と同様の問題が平成29年度第2回と平成28年度第1回の試験に出題されています.

問 3	ポートスキャン	【H31-1 第 3 問 (1)】

ポートスキャンの方法の一つで，標的ポートに対してスリーウェイハンドシェイクによるシーケンスを実行し，コネクションが確立できたことにより標的ポートが開いていることを確認する方法は，一般に，［ (ア) ］スキャンといわれる．

① UDP　② FIN　③ SYN　④ TCP　⑤ ウイルス

解説

ポートスキャンの方法の一つで，標的ポートに対してスリーウェイハンドシェイクによるシーケンスを実行し，コネクションが確立できたことにより標的ポートが開いていることを確認する方法は，一般に，(ア)TCP スキャンといわれます．

FIN スキャンは，FIN パケットを送信し，RST パケットを受信した場合は，そのポートが稼働していると判断し，応答がなかった場合は，稼働していないと判断する方法です．

SYN スキャンは，コネクションを確立しないでポートの稼働状態を確認する方法で，ポートに対して SYN パケットのみを送信して応答を確認します．

【解答　ア：④（TCP）】

問 4	ネットワーク上での攻撃	【H31-1 第 3 問 (4)】

ネットワーク上での攻撃などについて述べた次の二つの記述は，［ (エ) ］.

A　ネットワーク上を流れる IP パケットを盗聴して，そこから ID やパスワードなどを拾い出す行為は，データマイニングといわれる．

B　送信元 IP アドレスを詐称することにより，別の送信者になりすまし，不正行為などを行う手法は，IP スプーフィングといわれる．

① A のみ正しい　② B のみ正しい
③ A も B も正しい　④ A も B も正しくない

解説

・ネットワーク上を流れる IP パケットを盗聴して，そこから ID やパスワードなどを拾い出す行為は，パケットスニッフィング（Sniffing）といわれま

す（Aは誤り）.

・Bは正しい．IPスプーフィング（Spoofing）の「spoof」はだますという意味です．

【解答　エ：②（Bのみ正しい）】

問5　コンピュータウイルス　【H30-2　第3問（1）】

コンピュータウイルスは，一般に，自己伝染機能，潜伏機能及び（ア）機能の三つの機能のうち一つ以上有するものとされている．

①　免　疫　②　分　裂　③　吸　着　④　発　病

解説

コンピュータウイルスは，一般に，自己伝染機能，潜伏機能および(ア)発病機能の三つの機能のうち一つ以上有するものとされています．

「**自己伝染機能**」は他のプログラムに自らをコピーしたり，またはシステム機能を利用して，自らを他のシステムにコピーしたりして他のシステムに伝染する機能です．「**潜伏機能**」は，発病するための特定時刻，一定時間，処理回数等の条件を記憶させて，条件が満たされるまで症状を出さない機能です．「**発病機能**」は，プログラムやデータ等のファイルを破壊し，コンピュータに異常な動作をさせるなどの機能です．

【解答　ア：④（発病）】

問6　ポートスキャン　【H29-2　第3問（4）】

ポートスキャンについて述べた次の記述のうち，誤っているものは，（エ）である．

①　サーバのポートに対して順次アクセスを行い，サーバ内で動作しているアプリケーションやOSの種類を調べ，侵入口となり得る脆弱なポートの有無を調べる行為はポートスキャンといわれる．

②　ファイアウォールにおけるパケットフィルタリング機能は，ポートスキャン対策としての効果はない．

③　サーバへのポートスキャンにより，開いているポートが分かれば，そのサーバが提供しているサービスを推測することができる．
④　ポートスキャンを利用した攻撃への対策の一つに，不要なサービスを停止させ，必要最小限のサービスだけを稼働させる方法がある．

解説

・①，③，④は正しい．
・ポートスキャンでは，ポートの開閉状況と，開いているポートで稼働しているサービスの探索に使用されます．ファイアウォールの機能の一つであるパケットフィルタリングでは，IPパケットヘッダのIPアドレスとポート番号により，正規の通信以外のパケットを遮断し，ポートスキャンによって流出する情報を抑制できるため，ポートスキャン対策として効果があります（②は誤り）．

【解答　エ：②（誤り）】

本問題と同様の問題が平成28年度第2回試験に出題されています．

問7　マルウェア　【H29-1　第3問（1）】 ☑☑☑

パーソナルコンピュータ（PC）の内部に侵入し，勝手にファイルを暗号化したり，PCをロックしたりして，ユーザが使用できないようにし，使用できるように復元することと引換えに金銭を支払うようにユーザに要求するマルウェアは，一般に，［（ア）］といわれる．

①　マクロウイルス　②　スパイウェア　③　アドウェア
④　ボットネット　⑤　ランサムウェア

解説

パーソナルコンピュータ（PC）の内部に侵入し，勝手にファイルを暗号化したり，PCをロックしたりして，ユーザが使用できないようにし，使用できるように復元することと引換えに金銭を支払うようにユーザに要求するマルウェアは，一般に，(ア)ランサムウェアといわれます．**ランサムウェア（Ransomware）は，元に戻すことと引換えに「身代金（Ransom：ランサム）」を要求するため，**「身代金要求型不正プログラム」ともいわれます．

【解答　ア：⑤（ランサムウェア）】

問 8	バッファオーバフロー攻撃	【H28-1 第3問 (1)】 ☑☑☑

プログラムが確保しているサイズ以上のデータをバッファに送り込み，[　(ア)　]などをオーバフローさせることによって，攻撃者が意図したプログラムを実行させる攻撃は，一般に，バッファオーバフロー攻撃といわれる．

① 命令レジスタ　② 一時レジスタ　③ キャッシュメモリ
④ データベース　⑤ スタック領域

解説

プログラムが確保しているサイズ以上のデータをバッファに送り込み，(ア)**スタック領域などをオーバフローさせることによって，攻撃者が意図したプログラムを実行させる攻撃は，一般に，バッファオーバフロー攻撃**といわれます．

コンピュータのバッファは，サブルーチンの戻り番地など，プログラムの動作に必要な情報を格納する**スタック領域**と，アプリケーションがデータを処理するために動的に確保する**ヒープ領域**に分けられます．バッファオーバフロー攻撃では，あらかじめ確保してあるこれらバッファのサイズを超えたデータを送り込むことで，プログラムの誤作動を起こさせます．

【解答　ア：⑤（スタック領域）】

問 9	アドレステーブルの書換え	【H27-1 第3問 (1)】 ☑☑☑

LAN 上で稼働している端末に付与されている IP アドレスと MAC アドレスの対応表は，[　(ア)　]コマンドにより書換えが可能であるため，攻撃者によって意図的にこの対応表が書き換えられると，攻撃者が用意した端末などにデータを転送され，データを盗まれるおそれがある．

① nslookup　② tracert　③ arp
④ ipconfig　⑤ ping

解説

LAN 上で稼働している端末に付与されている IP アドレスと MAC アドレスの対応表は，(ア)arp コマンドにより書換えが可能であるため，攻撃者によって意図的にこの対応表が書き換えられると，攻撃者が用意した端末などにデータを転送され，データを盗まれるおそれがあります．

【解答　ア：③（arp)】

問 10	DoS 攻撃

送信元 IP アドレスと宛先 IP アドレスを攻撃対象の IP アドレスに詐称した TCP の接続要求パケット（SYN パケット）を攻撃対象に送信する．攻撃対象とされたコンピュータは受信した SYN パケットに対する応答 SYN ACK を自分自身に返し，さらにその応答 ACK を自分自身に返してしまう．このような不正な SYN パケットを攻撃対象に大量に送り，攻撃対象に過大な負荷をかける攻撃は，［（ア）］攻撃といわれる．

① SYN フラッド　② ランド
③ Ping of Death　④ スマーフ

解説

送信元 IP アドレスと宛先 IP アドレスを攻撃対象の IP アドレスに詐称した TCP の接続要求パケット（SYN パケット）を攻撃対象に大量に送信する攻撃は，(ア)ランド攻撃（Land Attack）です．

なお，SYN フラッド攻撃は，攻撃対象に TCP の SYN パケットを送信し，応答 SYN ACK を受けた後，その応答 ACK を意図的に送信しないようにして，攻撃対象に大量の TCP 接続の待ち状態を作り出し，過大な負担を与える攻撃です．

ランド攻撃と SYN フラッド攻撃はともに，TCP コネクションを確立する「3 ウェイハンドシェイク」を悪用した DoS（サービス不能）攻撃です．参考として，下図に 3 ウェイハンドシェイクの手順を示します．

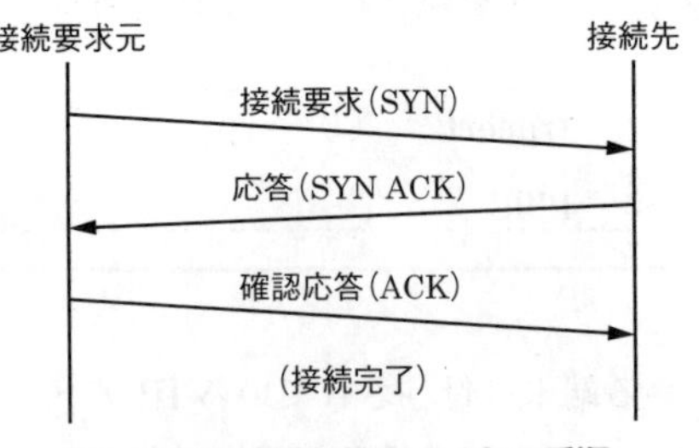

図　3 ウェイハンドシェイクの手順

【解答　ア：②（ランド)】

3-2 電子認証技術とデジタル署名技術

問1 **共通鍵暗号方式** 【R1-2 第3問 (2)】 ☑☑☑

共通鍵暗号方式について述べた次の二つの記述は，［（イ）］.

A　共通鍵暗号方式は，暗号化と復号に同じ鍵を用いており，代表的な暗号にAESがある.

B　ストリーム暗号方式は，共通鍵としてキーストリームといわれる疑似乱数を使用し，平文を順次1ビットずつNAND演算を行い暗号化する.

①　Aのみ正しい　　②　Bのみ正しい
③　AもBも正しい　　④　AもBも正しくない

解説

・Aは正しい．共通鍵暗号方式では，暗号化と復号に同じ暗号鍵を使用します．このため，通信相手ごとに異なる暗号鍵を使用する必要があります．

・ストリーム暗号方式は，共通鍵としてキーストリームといわれる疑似乱数を使用し，平文を順次1ビットずつXOR（eXclusive OR）演算を行い暗号化します（Bは誤り）．XORは「排他的論理和」という意味で，二つの入力の片方が“1”で，もう一方が“0”のときに結果が“1”となり，両方とも“1”か両方とも“0”のときは“0”となります．つまり，同じビット列（暗号鍵に相当）で2回演算（暗号化と復号）を行うと元のビット列（平文）に戻ります．

【解答　イ：①（Aのみ正しい）】

問2 **暗号方式** 【H30-2 第3問 (2)】 ☑☑☑

暗号方式の特徴などについて述べた次の二つの記述は，［（イ）］.

A　共通鍵暗号方式は，公開鍵暗号方式と比較して，一般に，鍵の共有は容易であるが，暗号化・復号処理に時間がかかる.

B　ハイブリッド暗号方式は，共通鍵暗号方式と公開鍵暗号方式を組み合わせた方式であり，PGP，SSLなどに用いられている.

① Aのみ正しい	② Bのみ正しい
③ AもBも正しい	④ AもBも正しくない

解説

・公開鍵暗号方式は，共通鍵暗号方式と比較して，一般に，鍵の共有は容易ですが，暗号化・復号処理に時間がかかります（Aは誤り）．秘匿すべき暗号鍵は公開鍵暗号方式では1個でよいが，共通鍵暗号方式では通信相手ごとに必要となるため，共通鍵暗号方式の方が鍵の共有・管理が複雑になります．

・Bは正しい．ハイブリッド暗号方式では，公開鍵暗号方式と共通鍵暗号方式，両方の特徴を生かし，共通鍵を公開鍵暗号方式で通信相手に送った上で，処理時間の短い共通鍵暗号方式で比較的多い通信データを暗号化して送信します．

【解答 イ：②（Bのみ正しい）】

問3 PPP接続とユーザ認証 【H29-2 第3問（2）】

PPP接続時におけるユーザ認証について述べた次の二つの記述は，（イ）．

A PAP認証では，認証のためのユーザIDとパスワードは暗号化されずにそのまま送られる．

B CHAP認証は，チャレンジレスポンス方式の仕組みを利用することによりネットワーク上でパスワードをそのままでは送らないため，PAP認証と比較してセキュリティレベルが高いとされている．

① Aのみ正しい	② Bのみ正しい
③ AもBも正しい	④ AもBも正しくない

解説

AとBは正しい．**PAP**（Password Authentication Protocol）認証では，ユーザIDとパスワードは暗号化されずにそのまま送られるため，セキュリティレベルは低く，安全に認証を行いたい場合は，一般に，**CHAP**（Challenge Handshake Authentication Protocol）認証を使用します．CHAPによる認証シーケンスを右頁の図に示します．

CHAPでは，ユーザが認証サーバにアクセスする都度，認証サーバから送られるチャレンジとユーザID，パスワードを組み合わせてハッシュ値を作成し，レスポンスとして認証サーバに送ります．接続要求のたびに認証サーバで異なるチャレンジが生成され，これによってレスポンスの内容も変わるため，レスポンスを盗聴しても認証のなりすましに使用できません．また，ハッシュ値から元の平文を求めることができないため，チャレンジとレスポンスを盗聴してもパスワードを求めることはできません．このように，CHAPによって認証のセキュリティを高くできます．

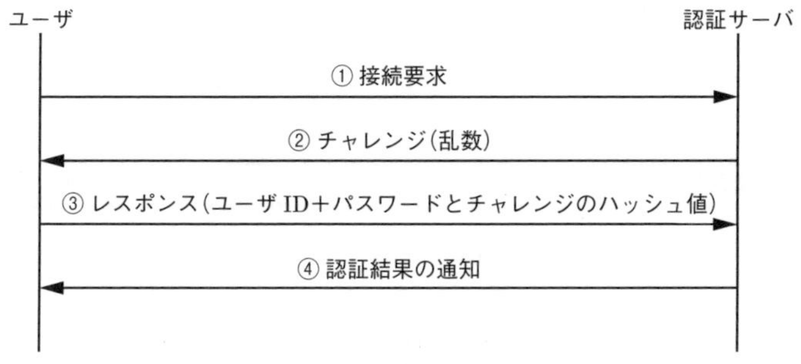

図　CHAPの認証シーケンス

【解答　イ：③（AもBも正しい)】

問4	PKI（公開鍵暗号基盤）	【H29-1　第3問（2)】

公開鍵暗号を用いたセキュリティ基盤であるPKIの仕組みなどについて述べた次の二つの記述は，［（イ）］．

A　認証局は，申請者の秘密鍵と申請者の情報を認証局の公開鍵で暗号化し，デジタル証明書を作成する．

B　利用者は，受け取ったデジタル証明書が有効かどうか，認証局のリポジトリから情報を入手してチェックする．

①　Aのみ正しい　　②　Bのみ正しい
③　AもBも正しい　　④　AもBも正しくない

解説

・認証局は，申請者の公開鍵と申請者の情報を認証局の秘密鍵で暗号化し，デジタル証明書を作成します（A は誤り）．デジタル証明書で公開される申請者の情報は**公開鍵**です．**デジタル証明書が正しいかどうかは，認証局の秘密鍵で暗号化されたデジタル証明書を認証局の公開鍵で復号することにより判断されます．**

・B は正しい．リポジトリとは情報を格納する貯蔵庫を意味し，認証局のリポジトリには，デジタル証明書や CRL（Certificate Revocation List：証明書失効リスト）が置かれ，一般に公開されます．**CRL は失効した（効力がなくなった）デジタル証明書のリスト**です．

【解答　イ：②（B のみ正しい）】

問 5　情報漏えい対策　【H29-1　第 3 問（3）】

ネットワーク利用時における情報漏洩対策について述べた次の二つの記述は，（ウ）．

A　HTTP だけでなく SMTP や FTP といったデータ転送プロトコルを用いて情報を送受信する場合における情報漏洩対策として，データを暗号化するなどして送受信するプロトコルである TLS を用いる方法がある．

B　ネットワーク上のスニッフィング対策として，データやセッション番号の暗号化が有効である．

① A のみ正しい　② B のみ正しい
③ A も B も正しい　④ A も B も正しくない

解説

・A は正しい．TLS（Transport Layer Security）は，SSL 3.0 をもとに改良を加え，インターネットの標準化を行っている IETF で標準化された暗号化通信プロトコルです．TLS には，**データの暗号化**，データの完全性（データが改ざんされていないこと）の保証，サーバおよびクライアントの認証の三つがあります．

・B は正しい．スニッフィング（Sniffing）とは，ネットワーク上を流れるパケットを盗聴する行為であり，対策としては**暗号化によって読み取られても解読できないようにすること**が必要です．

【解答　ウ：③（AもBも正しい）】

問6　S/MIME　【H29-1　第3問（4）】

S/MIMEは，［（エ）］のセキュリティを確保するためのプロトコルであり，インターネットを介した通信において暗号化機能と認証機能を有している．

① 無線LAN　② 電子メール　③ VPN
④ リモートログイン　⑤ ストリーミング

解説

S/MIMEは，(エ)電子メールのセキュリティを確保するためのプロトコルです．**S/MIMEでは，認証に使用する公開鍵を認証局に登録**します．電子メールの**送信データは共通鍵で暗号化し，その共通鍵を受信者の公開鍵で暗号化し，データと一緒に送信**します．

参考
電子メールの暗号化と認証を行うセキュリティプロトコルとして，S/MIMEのほかに，PGP（Pretty Good Privacy）がある．

【解答　エ：②（電子メール）】

問7　パスワードによる認証　【H28-1　第3問（2）】

パスワードによる認証などについて述べた次の記述のうち，誤っているものは，［（イ）］である．

① ユーザIDとパスワードを暗号化せずに送受信する方式は，一般に，平文認証といわれ，ネットワーク上で盗聴されると容易に読み取られるおそれがある．
② 毎回異なるチャレンジコードと，パスワード生成ツールにより作成されるレスポンスコードを用いることにより認証する方法は，デジタル認証を利用したハイブリッド方式といわれる．
③ PAP認証では，認証のためのユーザIDとパスワードは暗号化され

ずにそのまま送られる.

④　ワンタイムパスワードを用いた認証は，一般に，PAP 認証と比較して，パスワードの安全性が高く，セキュリティ強度は高いとされている.

解説

・①，③は正しい．ユーザ ID とパスワードを暗号化せずに送受信する方式は，平文認証または**PAP**（Password Authentication Protocol）**認証**と呼ばれます.

・毎回異なるチャレンジコードと，パスワード生成ツールにより作成されるレスポンスコードを用いることにより認証する方法は，**CHAP 認証**方式といわれます（②は誤り）．CHAP 認証の詳細は本節問 3 参照のこと.

・④は正しい．ワンタイムパスワードでは，認証のたびにパスワードが変わるため，パスワードが盗聴されても，次の認証でなりすましされることを防ぐことができます.

【解答　イ：②（誤り）】

問 8　暗号方式　【H27-2　第 3 問（2）】 ☑☑☑

公開鍵暗号及び共通鍵暗号について述べた次の二つの記述は，[（イ）].

A　公開鍵暗号である RSA 暗号は，素因数分解の困難さを安全性のよりどころにしている.

B　共通鍵暗号であるブロック暗号は，データをビット列とみなして，1 ビットごとに暗号化・復号処理を行う.

①　A のみ正しい　　②　B のみ正しい

③　A も B も正しい　　④　A も B も正しくない

解説

・A は正しい．素因数とはある自然数の約数になる素数のことです．素因数分解とは，ある数の素因数を求めてその積の形で表すことです.

・データをビット列とみなして，1 ビットごとに暗号化・復号処理を行う共通鍵暗号は，ストリーム暗号といいます．ブロック暗号は，平文を固定長のブ

ロックに区切り，ブロック単位でデータ撹拌して暗号化する方式です（Bは誤り）．

参考

共通鍵暗号の有力な暗号方式はブロック暗号で，代表的なブロック暗号としてDESとAESがある．また，代表的なストリーム暗号としてRC4とSEALがある．

【解答　イ：①（Aのみ正しい）】

問9　バイオメトリクス認証　【H27-1　第3問（2）】

バイオメトリクス認証では，認証時における被認証者本人の体調，環境などにより入力される認証情報が変動する可能性があるため，照合結果の判定には一定の許容範囲を持たせる必要がある．許容範囲は，本人拒否率と他人受入率を考慮して［（イ）］を設定することにより決定される．

①　判定しきい値　　②　確率分布　　③　3σ　　④　標準偏差

解説

POINT

一般に，判別しきい値（要求される一致度）が高いと本人拒否率が増加し，判別しきい値が低いと他人受入率が増加する．

バイオメトリクス認証では，認証時における被認証者本人の体調，環境などにより入力される認証情報が変動する可能性があるため，照合結果の判定には一定の許容範囲をもたせる必要があります．許容範囲は，本人拒否率と他人受入率を考慮して(イ)判定しきい値を設定することにより決定されます．**本人拒否率**とは，本人であるにもかかわらず本人でないと誤認識する確率であり，**他人受入率**とは，本人でないにもかかわらず本人と誤認識する確率です．

【解答　イ：①（判定しきい値）】

3-3 端末設備とネットワークのセキュリティ

問 1	アクセス管理	【R1-2　第3問（4）】

悪意のある第三者にサーバ管理者権限を奪われた場合の被害を軽減する方法として，OS の管理者権限のうち，任命された業務を遂行するために必要なアクセス権限のみを与えることは，一般に，［（エ）］といわれる．

①　職務分離の原則　　②　フェールセキュア
③　フォールトトレランス　　④　多重防御の原則
⑤　最小特権の原則

解説

悪意のある第三者にサーバ管理者権限を奪われた場合の被害を軽減する方法として，OS の管理者権限のうち，任命された業務を遂行するために必要なアクセス権限のみを与えることは，一般に，(エ)最小特権の原則といわれます．**最小特権の原則**とは，目的とする業務を実行するに必要な最小限の権限を与えるということです．

【解答　エ：⑤（最小特権の原則）】

本問題と同様の問題が平成 27 年度第 1 回試験に出題されています．

問 2	UNIX のアクセス管理	【H31-1　第3問（3）】

UNIX（セキュア OS を除く）のアクセス管理などについて述べた次の記述のうち，正しいものは，［（ウ）］である．

①　UNIX においてサーバの運用管理やアカウント管理を行うには root 権限を行使できるシステム管理者である必要がある．
②　UNIX のファイルやディレクトリに対するアクセス権限の設定は，一般に，ファイルパーミッションといわれ，UNIX には OS の機能としてこの設定の誤りを検出する機能がある．
③　UNIX では，ファイルやディレクトリへのアクセスに強制アクセス制御方式が用いられている．

④ UNIXのファイルアクセス管理では，ファイルの所有者とそのファイルに対応付けられたグループでは，同じアクセス権限が割り当てられる．

⑤ UNIXにおけるファイルへのアクセス権限には，読み込み権限，書き込み権限及び保留権限の3種類がある．

解説

・①は正しい．root権限はUNIXの最高の権限で，通常，システム管理者が所有します．

・UNIXのファイルやディレクトリに対するアクセス権限の設定は，一般に，ファイルパーミッションといわれます．UNIXのOS機能には設定の誤りを検出する機能はありません（②は誤り）．

・UNIXでは，ファイルやディレクトリへのアクセスに任意アクセス制御方式が用いられています．任意アクセス制御は，ファイルやディレクトリなど操作対象ごとに利用できるユーザと利用範囲（読み取り／書き込み／実行）を設定する方式です．一方，強制アクセス制御は，操作主体と操作対象それぞれのセキュリティレベルを比較して強制的にアクセス権限を決定する方式です（③は誤り）．

・UNIXのファイルには，**所有者（owner）**，**グループ（group）**，**それ以外（others）**が設定されていて，それごとにアクセス権限が割り当てられます．つまり，グループが同じでも所有者ごとに異なるアクセス権限を割り当てることができます（④は誤り）．

・UNIXにおけるファイルへのアクセス権限には，読み込み権限（r），書き込み権限（w）および実行権限（x）の3種類があります（⑤は誤り）．

【解答　ウ：①（正しい）】

類似の（設問の幾つかが同じ）問題が平成30年度第1回試験に出題されています．また，同様の問題が平成27年度第1回試験に出題されています．

問3	**入退出管理**	【H31-1　第3問（5）】 ✓✓✓

入退室管理におけるセキュリティ用語などについて述べた次の二つの記述は，［　（オ）　］．

A　一つの監視エリアにおいて，認証のためのICカードなどを用い，入室記録後の退室記録がない場合に再入室を不可能にしたり，退室記録後の入室記録がない場合に再退室を不可能にしたりする機能は，一般に，アンチパスバックといわれる．

B　セキュリティレベルの違いによって幾つかのセキュリティ区画を設定することは，ハウジングといわれ，セキュリティ区画は，一般に，一般区画，業務区画，アクセス制限区画などに分類される．

①　Aのみ正しい　　②　Bのみ正しい
③　AもBも正しい　　④　AもBも正しくない

解説

・Aは正しい．アンチパスバックでは，同一人物が入室した後に退出記録がないのにまた入室したり，退出記録があるのにまた退室したりするといった矛盾した状態が発生していないかを監視します．アンチパスバックを利用すると，共連れ（1人の認証だけで複数の人が入室する）などを防止できます．

・セキュリティレベルの違いによって幾つかのセキュリティ区画を設定することは，セキュリティ・ゾーニングといわれ，セキュリティ区画は，一般に，一般区画，業務区画，アクセス制限区画などに分類されます（Bは誤り）．
セキュリティ区画は次のように定義されます．
一般区画：社員以外の者でも入室可能
業務区画：社員および社員の許可を得た者だけが入室可能
アクセス制御区画：管理責任者の許可を得た者だけが入室可能

【解答　オ：①（Aのみ正しい）】

本問題と同様の問題が平成27年度第2回試験に出題されています．また，設問Aで述べている「アンチパスバック」を選択する問題が平成29年度第1回試験に出題されています．

問4　ファイアウォール　【H30-2　第3問（3）】

ファイアウォールを通過するIPパケットに対して，ヘッダだけでなくペイロード部分のデータもチェックして動的にフィルタリングを行い，プロキ

シサーバとして動作する制御方式は，一般に，［（ウ）］方式といわれる．

① アプリケーションゲートウェイ　② ストアアンドフォワード
③ サーキットレベルゲートウェイ　④ パケットフィルタリング

解説

ファイアウォールを通過するIPパケットに対して，ヘッダだけでなくペイロード部分のデータもチェックして動的にフィルタリングを行い，プロキシサーバとして動作する制御方式は，(ウ)**アプリケーションゲートウェイ方式**です．

選択肢のうち，**パケットフィルタリング方式**は，発信元と転送先のIPアドレスおよびTCP/UDPポート番号の情報をもとにパケットを通過させるか遮断するか判断する方式で，ペイロード部分のデータのチェックは行いません．また，**サーキットレベル・ゲートウェイ方式**もペイロード・データのチェックを行わず，IPとTCPのヘッダ情報を参照し，TCPのセッション単位で任意のポートに関する通信の可否を制御する方式です．

【解答　ウ：①（アプリケーションゲートウェイ）】

問5　アカウント　【H30-2　第3問（4）】

OSやアプリケーションにあらかじめ用意されているアカウントは，一般に，［（エ）］アカウントといわれる．［（エ）］アカウントは，一般に，その名前が秘密にされていないため，攻撃の対象とならないよう，利用できなくしたり，アカウントのパスワードを変更したりしておくことがセキュリティ上望ましいとされている．

① 管理者　② 特　権　③ デフォルト
④ 代　表　⑤ メール

解説

OSやアプリケーションにあらかじめ用意されているアカウントは，一般に，(エ)デフォルトアカウントといわれます．デフォルトアカウントは，利用者が特に操作，指示などしない場合に自動的に選択されるものです．

【解答　エ：③（デフォルト）】

本問題と同様の問題が平成 27 年度第 2 回試験に出題されています．

問 6	パスワード	【H30-1　第 3 問（1）】

パーソナルコンピュータ(PC)において［（ア）］パスワードを設定すると，OS の起動前にこのパスワードを入力することが求められるため，OS を不正に再インストールされたり PC に不正にログオンされたりすることを防ぐ効果がある．

① ワンタイム　② メール　③ サーバ
④ BIOS　⑤ スリープ解除

解説

パーソナルコンピュータ（PC）において，BIOS 起動時（すなわち OS 起動前）に入力を求められるパスワードは，（ア）BIOS パスワードです．PC に電源を入れてから最初に動くプログラムが BIOS です．

【解答　ア：④（BIOS)】

本問題と同様の問題が平成 28 年度第 2 回試験に出題されています．

問 7	PPP 接続とユーザ認証	【H30-1　第 3 問（2）】

ユーザを認証してアクセスの許可を行うプロトコルである［（イ）］は，PPP 接続などにおいて用いられ，アクセスを許可した際にユーザに割り当てる IP アドレスなどの設定情報をアクセス先のサーバに伝達することができる．

① DHCP　② S/MIME　③ IPsec
④ RADIUS　⑤ SSL/TLS

解説

ユーザを認証してアクセスの許可を行うプロトコルである（イ）RADIUS は，PPP 接続などにおいて用いられ，アクセスを許可した際にユーザに割り当てる IP アドレスなどの設定情報をアクセス先のサーバに伝達することができます．RADIUS（Remote Authentication Dial In User Service）は，認証サーバにお

いて認証情報を一元的に管理します．

【解答　イ：④（RADIUS）】

問 8	**パケットフィルタリング**	【H30-1　第3問（3）】

パケットフィルタリングについて述べた次の記述のうち，誤っているものは，［（ウ）］である．

① IPパケットのヘッダ部の情報に基づき，そのIPパケット単位で通過の可否を制御することができる．

② TCPポート番号をチェックし，特定のTCPポート番号を持ったIPパケットだけを内部ネットワークに通過させることができる．

③ IPパケットのヘッダ部及びデータ部に改ざんがあるかどうかを確認し，改ざんがあった場合には内部ネットワークへの通過を阻止することができる．

④ フィルタリングルールは，一般に，セキュリティポリシーなどに基づき設定される．

解説

・①，②，④は正しい．

・設問①，②に記載されているように，パケットフィルタリングでは，IPヘッダおよびTCP/UDPポート番号の情報を参照してIPパケットの通過の可否を判断しますが，IPヘッダ部の改ざんの有無の検出は行いません．また，データ部については内容の参照も行わないため，改ざんの有無の検出も行いません（③は誤り）．

【解答　ウ：③（誤り）】

問 9	**UNIXのアクセス管理**	【H30-1　第3問（4）】

UNIX（セキュアOSを除く）のアクセス管理などについて述べた次の記述のうち，正しいものは，［（エ）］である．

① UNIXを利用する全てのユーザはroot権限を持たなければならない．

② UNIXのファイルやディレクトリに対するアクセス権限の設定は，

一般に，ファイルパーミッションといわれ，UNIXにはOSの機能としてこの設定の誤りを検出する機能がある．

③　UNIXでは，ファイルやディレクトリへのアクセスに強制アクセス制御方式が用いられている．

④　UNIXのファイルアクセス管理では，ファイルの所有者とそのファイルに対応付けられたグループでは，同じアクセス権限が割り当てられる．

⑤　UNIXにおけるファイルへのアクセス権限には，読み込み権限，書き込み権限及び実行権限の3種類がある．

解説

・root権限はUNIXの最高の権限で，セキュリティ上，管理者だけがもつべきものです（①は誤り）．

・UNIXのファイルやディレクトリに対するアクセス権限の設定は，一般に，ファイルパーミッションといわれます．ファイルパーミッションを設定・変更する権限は規定されていますが（例えば，一般ユーザは所有しているファイルのアクセス権限は変更できるが，ファイルの所有者またはグループの設定・変更はrootユーザのみが行うことができる），UNIXのOS機能には設定の誤りを検出する機能はありません（②は誤り）．

・UNIXでは，ファイルやディレクトリへのアクセスに任意アクセス制御方式が用いられています．任意アクセス制御は，ファイルやディレクトリなど操作対象ごとに利用できるユーザと利用範囲（読み取り／書き込み／実行）を設定する方式です．一方，強制アクセス制御は，操作主体と操作対象それぞれのセキュリティレベルを比較して強制的にアクセス権限を決定する方式です（③は誤り）．

・UNIXのファイルアクセス管理では，「ファイルの所有者」，「ファイルに対応づけられたグループ」，「グループに所属しないユーザ」ごとに，「r（読む）」「w（書く）」「x（実行する）」の権利の有無を設定することができます（④は誤り）．

・⑤は正しい．

【解答　エ：⑤（正しい）】

問 10	アウトソーシング	【H30-1 第3問 (5)】

より強固なセキュリティの確保などを目的に，情報通信事業者が設置し，提供しているサーバの一部又は全部を借用して自社の情報システムを運用する形態は，一般に，[(オ)]といわれる．

① ハウジング　② ホスティング　③ ロードバランシング
④ アライアンス　⑤ システムインテグレーション

解説

より強固なセキュリティの確保などを目的に，情報通信事業者が設置し，提供しているサーバの一部または全部を借用して自社の情報システムを運用する形態は，一般に，(オ)ホスティングといわれます．

参考
サーバのアウトソーシングとして，ホスティングのほかに，自社のサーバを情報通信事業者の施設に預けて運用するハウジングがある．

【解答 オ：②（ホスティング）】

問 11	アクセス制御	【H29-2 第3問 (1)】

情報セキュリティ対策として実施するアクセス制御において，ファイルのアクセス権をそのファイルの所有者が自由に設定できる制御方式は，一般に，[(ア)]といわれる．

① ロールベースアクセス制御　② 強制アクセス制御
③ 変更管理　④ 情報フロー制御
⑤ 任意アクセス制御

解説

情報セキュリティ対策として実施するアクセス制御において，ファイルのアクセス権をそのファイルの所有者が自由に設定できる制御方式は，一般に，(ア)任意アクセス制御といわれます．

参考

アクセス制御の種類として，**任意アクセス制御**のほかに，操作主体と操作対象それぞれのセキュリティレベルを比較して強制的にアクセス権限を決定する**強制アクセス制御**，および役割（ロール）に応じてアクセス権限を与える**ロールベースアクセス制御**がある（役割とは仕事上の機能で，利用者は自身に割り当てられた役割によってアクセス権限が決まる）．

【解答　ア：⑤（任意アクセス制御）】

問 12　入退出管理

【H29-1　第 3 問（5）】

一つの監視エリアにおいて，認証のための IC カードなどを用い，入室記録後の退室記録がない場合に再入室を不可能にしたり，退室記録後の入室記録がない場合に再退室を不可能にしたりする機能は，一般に，［（オ）］といわれる．

① サニタイジング　② スプーフィング　③ ピギーバック
④ トラッシング　⑤ アンチパスバック

解説

IC カードを利用した入退出管理において，入室記録後の退出記録がない場合に再入室を不可能にしたり，退出記録後の入室記録がない場合に再退出を不可能にしたりする機能は，一般に，(オ)アンチパスバックといわれます．アンチパスバックを利用すると，一つの IC カードを入口で複数の人が使い回して入室することや，共連れ（1 人の認証だけで複数の人が入室する）などを防止できます．

【解答　オ：⑤（アンチパスバック）】

問 13　ウイルス対策ソフトウェア

【H28-2　第 3 問（3）】

ウイルスを検知する仕組みの違いによるウイルス対策ソフトウェアの方式区分において，コンピュータウイルスに特徴的な挙動の有無を調べることによりコンピュータウイルスを検知するものは，一般に，［（ウ）］方式といわれる．

① ヒューリスティック　② チェックサム
③ パケットフィルタリング　④ チャレンジレスポンス

解説

コンピュータウイルスに特徴的な挙動の有無を調べることによりコンピュータウイルスを検知するものは，一般に，(ウ)ヒューリスティック方式といわれます．ヒューリスティック方式は，ウイルス定義ファイルに頼ることなく，構造，動作，その他の属性を解析することでウイルスを検出するため，未知のウイルスに対しても効果的な検知方式です．

【解答　ウ：①（ヒューリスティック）】

問 14　ログ情報の転送プロトコル　【H27-2　第 3 問（4）】

ログは情報システムにおけるセキュリティの調査などに用いられ，UNIX 系の（エ）は，リモートホストにログをリアルタイムに送信することができるが，一般に，UDP プロトコルを使用しているため，ログが欠落するおそれがある．

① MIB　② syslog　③ イベントログ
④ SNMP　⑤ アプリケーションログ

解説

UNIX 系の情報システムでは OS やアプリケーションのログ情報が(エ)syslog で記録されます．syslog でログ情報をネットワーク経由でリアルタイムに送信する場合は UDP プロトコルが使用されます．UDP はパケット誤り時の再送機能がないため，ネットワーク内で転送中にログが欠落するおそれがあります．

【解答　エ：②（syslog）】

3-4 情報セキュリティ管理

問 1 **ISMS の管理策** 【R1-2 第 3 問 (5)】

JIS Q 27001:2014 に規定されている，情報セキュリティマネジメントシステム（ISMS）の要求事項を満たすための管理策について述べた次の記述のうち，誤っているものは，[(オ)]である．

① 組織が採用した分類体系に従って，取外し可能な媒体の管理のための手順を実施しなければならない．
② 情報を格納した媒体は，輸送の途中における，認可されていないアクセス，不正使用又は破損から保護しなければならない．
③ 情報のラベル付けに関する適切な一連の手順は，認証機関が定める情報分類体系に従って策定し，実施しなければならない．
④ 媒体が不要になった場合は，正式な手順を用いて，セキュリティを保って処分しなければならない．
⑤ 情報は，法的要求事項，価値，重要性，及び認可されていない開示又は変更に対して取扱いに慎重を要する度合いの観点から，分類しなければならない．

解説

JIS Q 27001:2014 の A.8 節「資産の管理」の記載内容に関する設問です．

- ①は正しい．JIS Q 27001:2014 の「A.8.3.1 取外し可能な媒体の管理」より．
- ②は正しい．「A.8.3.3 物理的媒体の輸送」より．
- 情報のラベル付けに関する適切な一連の手順は，組織が採用した情報分類体系に従って策定し，実施しなければならない（③は誤り．「A.8.2.2 情報のラベル付け」より）．
- ④は正しい．「A.8.3.2 媒体の処分」より．
- ⑤は正しい．「A.8.2.1 情報の分類」より．

【解答 オ：③（誤り）】

問 2	ISMS の管理策	【H30-2　第 3 問（5）】

JIS Q 27001:2014 に規定されている，情報セキュリティマネジメントシステム（ISMS）の要求事項を満たすための管理策について述べた次の二つの記述は，［（オ）］.

A　情報セキュリティのための方針群は，これを定義し，管理層が承認し，発行し，全ての従業員に通知しなければならず，関連する外部関係者に対しては秘匿しなければならない.

B　情報セキュリティに影響を与える，組織，業務プロセス，情報処理設備及びシステムの変更は，管理しなければならない.

①　A のみ正しい　　②　B のみ正しい
③　A も B も正しい　　④　A も B も正しくない

解説

・JIS Q 27001:2014 の「A.5.1.1 情報セキュリティのための方針群」では，『情報セキュリティのための方針群は，これを定義し，管理層が承認し，発行し，従業員及び関連する外部関係者に通知しなければならない』と記載されています（A は誤り）.

・B は正しい．JIS Q 27001:2014 の「A.12.1.2 変更管理」に記載されています.

【解答　オ：②（B のみ正しい）】

本問題と同様の問題が平成 29 年度第 2 回試験に出題されています.

問 3	ISMS の管理策	【H28-2　第 3 問（5）】

JIS Q 27001:2014 に規定されている，ISMS（情報セキュリティマネジメントシステム）の要求事項を満たすための運用のセキュリティに関する管理策について述べた次の記述のうち，誤っているものは，［（オ）］である.

①　操作手順は，文書化し，必要とする全ての利用者に対して利用可能にしなければならない.

②　情報セキュリティに影響を与える，組織，業務プロセス，情報処理

設備及びシステムの変更は，管理しなければならない．
③ 要求されたシステム性能を満たすことを確実にするために，資源の利用を監視・調整しなければならず，また，将来必要とする容量・能力を予測しなければならない．
④ 開発設備，試験環境及び運用環境は，運用環境への認可されていないアクセス又は変更によるリスクを低減するために，統合しなければならない．

解説

JIS Q 27001:2014は，ISMSを確立し，実施し，維持し，継続的に改善するための要求事項を提供するために作成されたものです．

・開発設備，試験環境および運用環境は，運用環境への認可されていないアクセスまたは変更によるリスクを低減するために，分離しなければならない（④は誤り）．
・①，②，③は正しい．

統合すると問題発生時の影響範囲が大きくなり，リスクが増える．

注意しよう！
設問の①～③は，ほぼ当然と思えることで，JIS規格の内容を知らなくても解答できるため，注意して読もう．

【解答 オ：④（誤り）】

問4	ISMSと情報セキュリティポリシー	【H28-1 第3問（5）】

ISMS及び情報セキュリティポリシーについて述べた次の二つの記述は，（オ）．

A 取扱いに慎重を要する情報や重要な情報については，可用性を確保するために必ず暗号化する．

B 作成された情報セキュリティポリシーは，適用される組織の全関係者に周知し，PDCAサイクルにより妥当かつ適切に運用する．

① Aのみ正しい　② Bのみ正しい
③ AもBも正しい　④ AもBも正しくない

解説

・取扱いに慎重を要する情報や重要な情報については，機密性を確保するために必ず暗号化します（A は誤り）．情報セキュリティでは，情報資産を保護するために，**機密性**，**完全性**，**可用性**を維持することとされています．「完全性」とは，「情報が正確で完全であること」で，「可用性」とは「利用者が，必要なときに，情報および関連する資産にアクセスできること」と定義されています．

・B は正しい．**PDCA サイクル**とは，Plan（計画）・Do（実行）・Check（評価）・Action（改善）を繰り返すことによって，運用管理などを継続的に改善していく手法です．

【解答　オ：②（B のみ正しい）】

問 5　ISMS の管理策　【H27-1　第 3 問（5）】

JIS Q 27001:2014 に規定されている，ISMS（情報セキュリティマネジメントシステム）の要求事項を満たすための管理策について述べた次の記述のうち，誤っているものは，［（オ）］である．

① 情報セキュリティのための方針群は，これを定義し，管理層が承認し，発行し，従業員及び関連する外部関係者に通知しなければならない．

② 資産の取扱いに関する手順は，組織が採用した情報分類体系に従って策定し，実施しなければならない．

③ 経営陣は，組織の確立された方針及び手順に従った情報セキュリティの適用を，全ての従業員及び契約相手に要求しなければならない．

④ 装置は，情報セキュリティの 3 要素のうちの機密性及び安全性を継続的に維持することを確実にするために，正しく保守しなければならない．

解説

・①は正しい．JIS Q 27001:2014 の「A.5.1.1 情報セキュリティのための方針群」より．

・②は正しい．同規格の「A.8.2.3 資産の取扱い」より．

・③は正しい．同規格の「A.7.2.1 経営陣の責任」より．

・装置は，情報セキュリティの3要素のうちの可用性および完全性を継続的に維持することを確実にするために，正しく保守しなければならない（④は誤り）．**情報セキュリティの3要素とは，機密性，完全性，可用性のことです．**

【解答　オ：④（誤り）】

［コラム］**ISMSの管理策**

3-4節「情報セキュリティ管理」では，JIS Q 27001:2014で規定されているISMSの管理策の正誤を問う問題が多く出題されています．下表は今までに出題された主な管理策です．太字部分が解答のキーワードとなる部分です．

表　ISMSの要求事項を満たすための管理策の例

項　目	概　要
情報セキュリティのための方針群	情報セキュリティのための方針群は，これを定義し，管理層が承認し，発行し，**従業員および関連する外部関係者**に通知しなければならない．
経営陣の責任	経営陣は，組織の確立された方針および手順に従った情報セキュリティの適用を，**すべての従業員および契約相手**に要求しなければならない．
情報の分類	情報は，**法的要求事項**，**価値**，**重要性**，および認可されていない開示または変更に対して取扱いに慎重を要する度合の観点から，分類しなければならない．
情報のラベル付け	情報のラベル付けに関する適切な一連の手順は，**組織が採用した情報分類体系**に従って策定し，実施しなければならない．
資産の取扱い	資産の取扱いに関する手順は，**組織が採用した情報分類体系**に従って策定し，実施しなければならない．
取外し可能な媒体の管理	**組織が採用した分類体系**に従って，取外し可能な媒体の管理のための手順を実施しなければならない．
装置の保守	装置は，**可用性および完全性**を継続的に維持することを確実にするために，正しく保守しなければならない．
開発環境，試験環境および運用環境の分離	開発環境，試験環境および運用環境は，運用環境への認可されていないアクセスまたは変更によるリスクを低減するために，**分離**しなければならない．

4章 接続工事の技術

本章の出題項目

4-1　事業用電気通信設備
4-2　ブロードバンド回線の工事と試験
　4-2-1　光ケーブルの収容方式とビル内配線方式
　4-2-2　JIS X 5150 の設備設計
　4-2-3　光ファイバ損失試験方法
4-3　LAN の設計・工事と試験
4-4　IP-PBX，IP ボタン電話装置の設計・工事と試験

4-1 事業用電気通信設備

問 1	構内電気設備の配線用図記号	【R1-2 第 4 問 (2)】

JIS C 0303:2000 構内電気設備の配線用図記号に規定されている，電話・情報設備のうちの情報用アウトレットの図記号は， (イ) である．

① ② ③ ④ ⑤

解説

JIS C 0303:2000「構内電気設備の配線用図記号」の「5. 通信・情報」の「5.1 電話・情報設備」に規定されている図記号のうち，情報用アウトレットの図記号は，(イ)①です．

②は「端子盤」の図記号，③は「通信用（電話用）アウトレット」の図記号，④は「局線表示盤」の図記号，⑤は「複合アウトレット」の図記号です．

JIS C 0303：2000 の 5.1 節で規定されている電話・情報設備のその他の図記号の例を下表に示します．

表 JIS C 0303：2000 で規定されている電話・情報設備の図記号の例

設備名称	図記号	備 考
保安器		
集合保安器	$\frac{3}{5}$	個数（実装／容量）を傍記 左図の例では実装が 3 で容量が 5
局線中継台	ATT	
交換機（PBX）	PBX	としてもよい
デジタル回線終端装置	DSU	
ルータ	RT	ルータ としてもよい
集線（HUB）	HUB	

【解答 イ：①】

本問題と同様の問題が平成 29 年度第 2 回試験に出題されています．

4-2 ブロードバンド回線の工事と試験

4-2-1 光ケーブルの収容方式とビル内配線方式

問1 ビルディング内光配線システム 【R1-2 第4問（4）】

OITDA/TP 11/BW:2019 ビルディング内光配線システムにおける，幹線系光ファイバケーブルの布設工事について述べた次の二つの記述は，［（エ）］.

なお，OITDA/TP 11/BW:2019 は，JIS TS C 0017 の有効期限切れに伴い同規格を受け継いで光産業技術振興協会（OITDA）が技術資料として策定，公表しているものである.

A　設置場所の搬入口が狭く光ケーブルドラムが搬入できない場合には，光ケーブルドラムから外して光ケーブルを同心円状に巻き取り搬入する.

B　光ケーブルにけん引端がついていない場合には，けん引張力及び光ケーブルの構造に応じてけん引端を作成するが，テンションメンバがプラスチックでけん引張力が小さい場合には，ロープなどをケーブルに巻き付け，けん引端を作成する.

① Aのみ正しい　② Bのみ正しい
③ AもBも正しい　④ AもBも正しくない

解説

・設置場所の搬入口が狭く光ケーブルドラムが搬入できない場合には，光ケーブルドラムから外して光ケーブルを8の字取りを行って巻き取り搬入します（OITDA/TP 11/BW:2019（第2版）「6.2.1 実装形光ケーブル布設 b）光ケーブルドラムの設置」より．Aは誤り）.

・Bは正しい（OITDA/TP 11/BW:2019（第2版）「6.2.1 実装形光ケーブル布設 g）光ケーブルけん引端の作製」より）.

【解答　エ：②（Bのみ正しい）】

本問題と同様の問題が平成28年度第2回と平成27年度第2回の試験に出題されています.

問2	ビルディング内光配線システム	【H31-1　第4問（3）】☑☑☑

OITDA/TP 11/BW:2019 ビルディング内光配線システムにおいて，光ケーブル配線設備のフリーアクセスフロアのパネル及び支柱一体形は，パネルの四隅に支柱を取り付け，パネル及び支柱一体構成を構造床に敷き並べる工法であり，不陸対応性は，［（ウ）］の調整によって±10 ミリメートル程度を吸収するとされている.

なお，OITDA/TP 11/BW：2019 は，JIS TS C 0017 の有効期限切れに伴い同規格を受け継いで光産業技術振興協会（OITDA）が技術資料として策定，公表しているものである.

① 支柱の下床レベル　② パネル寸法　③ 下床の調整穴
④ 支柱のねじ要素　⑤ パネル材質差

解説

OITDA/TP 11/BW:2019「ビルディング内光配線システム」において，光ケーブル配線設備のフリーアクセスフロアのパネルおよび支柱一体形は，パネルの四隅に支柱を取り付け，パネルおよび支柱一体構成を構造床に敷き並べる工法であり，不陸対応性は，(ウ)支柱のねじ要素の調整によって±10 ミリメートル程度を吸収するとされています（OITDA/TP 11/BW:2019「A.5 フリーアクセスフロア（簡易二重床を含む）」より）.「**不陸**」とは，平らではなく凹凸があるという意味です.「**不陸対応性**」は，凹凸や段差を減らし平らに近づけることへの対応性を意味します.

【解答　ウ：④（支柱のねじ要素）】

本問題と同様の問題が平成 27 年度第 1 回試験に出題されています.

問3	光コネクタ	【H31-1　第5問（1）】☑☑☑

現場取付け可能なSC型の単心接続用の光コネクタのうち，光コネクタキャビネットなどで使用され，ドロップ光ファイバケーブルやインドア光ファイバケーブルに直接取り付ける光コネクタは，［（ア）］コネクタといわれる.

① MT　② MU　③ MPO　④ FC
⑤ 外被把持型ターミネーション

解説

現場取付け可能なSC（Single Coupling）型の単心接続用の光コネクタのうち，光コネクタキャビネットなどで使用され，ドロップ光ファイバケーブルやインドア光ファイバケーブルに直接取り付ける光コネクタは，(ア)外被把持型ターミネーションコネクタといわれます．

覚えよう！
現場取付け可能な単心接続用の光コネクタが出題されています．その種類と違いを覚えておこう．

表　現場取付け可能な単心接続用の光コネクタの種類と概要

コネクタの種類	概　要
外被把持型ターミネーションコネクタ	SC型で，ドロップ光ファイバケーブルやインドア光ファイバケーブルに直接取り付ける．光コネクタキャビネットなどで使用
FA（Field Assembly）コネクタ	プラグとソケットの組合せで嵌合（かんごう）（はめ合うこと）．ドロップ光ファイバケーブルとインドア光ファイバケーブルの接続や宅内配線における光ローゼット内での心線接続に使用
FASコネクタ	プラグとソケットの組合せで嵌合．架空光ファイバケーブルとドロップ光ファイバケーブルの心線接続，架空用クロージャ内での心線接続に使用

注：表の三つのコネクタでは，ともにメカニカルスプライス技術を適用し，現場での取付けを容易にしている．

【解答　ア：⑤（外被把持型ターミネーション）】

本問題と同様の問題が平成29年度第2回と平成28年度第1回の試験に出題されています．

問4　ビルディング内光配線システム　【H30-1　第4問（2）】

OITDA/TP 11/BW:2012 ビルディング内光配線システムでは，幹線系光ファイバケーブル施工時のけん引速度は，布設の安全性を考慮し，1分当たり［（イ）］メートル以下を目安としている．

なお，OITDA/TP 11/BW:2012は，JIS TS C 0017の有効期限切れに伴い同規格を受け継いで光産業技術振興協会（OITDA）が技術資料として策定，公表しているものである．

①　10　　②　20　　③　30　　④　40　　⑤　50

解説

OITDA/TP 11/BW:2012「ビルディング内光配線システム」では，**幹線系光ファイバケーブル施工時のけん引速度は，布設の安全性を考慮し，**1分当たり(イ)20〔m〕以下を目安としています（OITDA/TP 11/BW「ビルディング内光配線システム」（第2版）より）．

【解答　イ：②（20）】

本問題と同様の問題が平成29年度第1回試験に出題されています．

問5　光コネクタ　【H30-1　第5問（1）】

現場取付け可能な単心接続用の光コネクタのうち，ドロップ光ファイバケーブルとインドア光ファイバケーブルの接続や宅内配線における光ローゼット内での心線接続に用いられる光コネクタは，（ア）コネクタといわれる．

① MU（Miniature Unit-coupling）
② FA（Field Assembly）
③ MT（Mechanically Transferable splicing）
④ MPO（Multifiber Push-On）
⑤ DS（Optical fiber connector for Digital System equipment）

解説

現場取付け可能な単心接続用の光コネクタのうち，ドロップ光ファイバケーブルとインドア光ファイバケーブルの接続や宅内配線における光ローゼット内での心線接続に用いられる光コネクタは，(ア)FA（Field Assembly）コネクタです．

参考

現場取付け可能な単心接続用の光コネクタとして，FAコネクタのほかに，架空光ファイバケーブルとドロップ光ファイバケーブルの心線接続，架空用クロージャ内での心線接続に用いられるFAS（Field Assembly Small-sized）コネクタがある．

【解答　ア：②（FA（Field Assembly））】

本問題と同様の問題が平成29年度第1回試験に出題されています．

問6 **ビルディング内光配線システム** 【H29-2 第4問(4)】

OITDA/TP 11/BW:2012ビルディング内光配線システムにおいて，配線盤の種類は，用途，機能，接続形態及び設置場所によって分類されている．機能による分類の一つである［(エ)］接続は，ケーブルとケーブル又はケーブルとコードなどをジャンパコードで自由に選択できる接続で，需要の変動，支障移転，移動などによる心線間の切替えに容易に対応できる．

なお，OITDA/TP 11/BW:2012は，JIS TS C0017の有効期限切れに伴い同規格を受け継いで光産業技術振興協会（OITDA）が技術資料として策定，公表しているものである．

① 変 換　② 融 着　③ 交 差
④ メカニカル　⑤ 相 互

解説

OITDA/TP 11/BW:2012「ビルディング内光配線システム」において，配線盤の種類は，用途，機能，接続形態および設置場所によって分類されています．機能による分類の一つである(エ)交差接続は，ケーブルとケーブルまたはケーブルとコードなどをジャンパコードで自由に選択できる接続で，需要の変動，支障移転，移動などによる心線間の切替えに容易に対応できます．配線盤の分類を下図に示します．

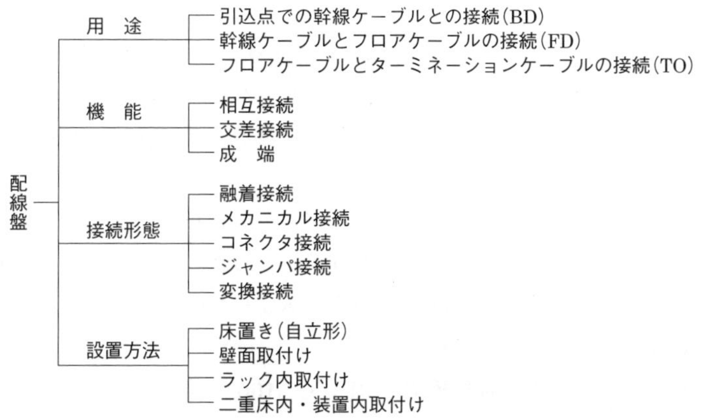

出典：「ビルディング内光配線システム」(Optical fiber distribution system for customer premises)，OITDA/TP 11/BW：2019(第2版)

図 配線盤の分類

【解答　エ：③（交差）】

問 7	フロア配線方式	【H27-2　第 4 問（2）】

情報配線システムにおけるフロア配線の配線方式について述べた次の二つの記述は，（イ）．

A　水平ケーブルとネットワーク機器などとを直接機器コードで接続する方式は，一般に，クロスコネクト方式といわれ，1 台のラックに機器やパッチパネルなどの機器構成を全て収容する場合や少数ポート構成時に有効な方式である．

B　水平ケーブルと機器コードとをパッチパネルを介したパッチコードで接続する方式は，一般に，インタコネクト方式といわれ，クロスコネクト方式と比較して，作業性や運用性に優れるが機器構成などの設置スペースを広く確保する必要がある．

① Aのみ正しい　② Bのみ正しい
③ AもBも正しい　④ AもBも正しくない

解説

設問 A がインタコネクトの説明で，設問 B がクロスコネクトの説明になっています．よって，正しくは次のようになります．

・水平ケーブルとネットワーク機器などとを直接機器コードで接続する方式は，一般に，インタコネクト方式といわれ，1 台のラックに機器やパッチパネルなどの機器構成をすべて収容する場合や少数ポート構成時に有効な方式です（A は誤り）．

・水平ケーブルと機器コードとをパッチパネルを介したパッチコードで接続する方式は，一般に，クロスコネクト方式といわれ，インタコネクト方式と比較して，作業性や運用性に優れるが機器構成などの設置スペースを広く確保する必要があります（B は誤り）．

構内情報配線システムの機器構成は JIS X 5150 で規定されています．この構成図を右頁の図に示します．

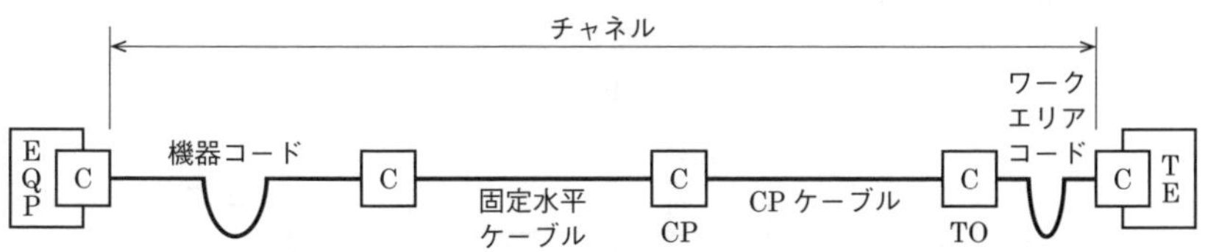

(a) インタコネクト方式の構成図

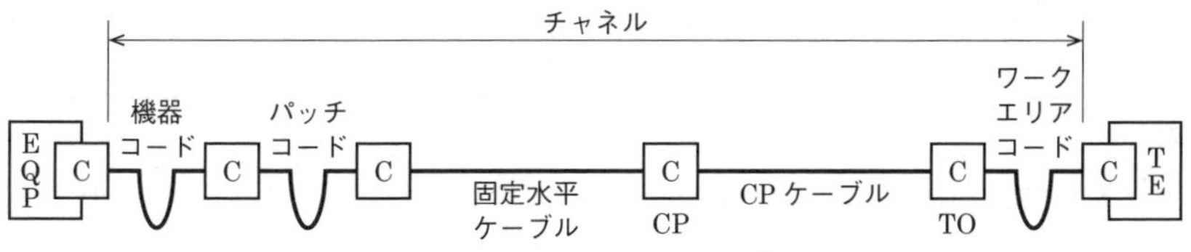

(b) クロスコネクト方式の構成図

EQP：ネットワーク機器
TE：端末
C：接続点

図　構内情報配線システムの機器構成

【解答　イ：④（A も B も正しくない）】

4-2-2　JIS X 5150 の設備設計

問 8　水平配線設計　【R1-2　第 4 問（5）】

JIS X 5150:2016 では，図に示す水平配線の設計において，クロスコネクト-TO モデル，クラス E のチャネルの場合，機器コード，パッチコード／ジャンパ及びワークエリアコードの長さの総和が 16 メートルのとき，固定水平ケーブルの最大長は［（オ）］メートルとなる．ただし，使用温度は 20〔℃〕，コードの挿入損失〔dB/m〕は水平ケーブルの挿入損失〔dB/m〕に対して 50 パーセント増とする．

①　79.0　　②　79.5　　③　80.0　　④　80.5　　⑤　81.0

4章　接続工事の技術

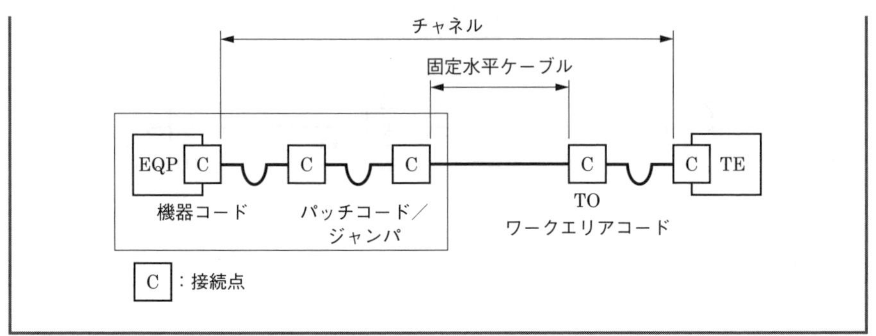

解説

JIS X 5150:2016 では，クロスコネクト-TO モデル，クラス E のチャネルの場合，使用温度 20〔℃〕では，固定水平ケーブルの最大長は次式で表されます．

$$H = 106 - 3 - FX$$

上式で，F は機器コード，パッチコード／ジャンパおよびワークエリアコードの長さの総和で，16〔m〕．コードの挿入損失〔dB/m〕は，水平ケーブルの挿入損失〔dB/m〕の 50% 増であるため，それらの比，$X = 1.5$．

これらを上式に代入すると，固定水平ケーブルの最大長 H は，

$$H = 106 - 3 - FX = 103 - 16 \times 1.5 = 103 - 24 = 79.0 〔m〕（①）$$

【解答　オ：①（79.0）】

覚えよう！

固定水平ケーブルの最大長を計算する問題では，インタコネクト-TO モデル，クロスコネクト-TO モデル，それぞれについて，チャネルがクラス D またはクラス E の場合の問題が出題されています．それらの場合の最大リンク長の公式（次表参照）を覚えておこう．

表　固定水平ケーブルの最大長の公式

モデル	カテゴリ 5 要素を使ったクラス D のチャネル	カテゴリ 6 要素を使ったクラス E のチャネル
インタコネクト-TO	$H = 109 - FX$	$H = 107 - 3 - FX$
クロスコネクト-TO	$H = 107 - FX$	$H = 106 - 3 - FX$

H：固定水平ケーブルの最大長〔m〕
F：パッチコード／ジャンパ，機器コードおよびワークエリアコードの長さの総和〔m〕
X：コードの挿入損失〔dB/m〕の水平ケーブルの挿入損失〔dB/m〕に対する比
注：表の公式は使用温度 20〔℃〕での値を示す．20〔℃〕以上では，H の値はシールドケーブルでは 1〔℃〕当たり 0.2〔%〕減じ，非シールドケーブルでは 20～40〔℃〕で 1〔℃〕当たり 0.4〔%〕減じ，40～60〔℃〕で 1〔℃〕当たり 0.6〔%〕減じる．

問 9	反射減衰量と 3dB/4dB ルール	【R1-2 第 5 問 (1)】

JIS X 5150:2016 の平衡配線性能において，挿入損失が 3.0〔dB〕を下回る周波数における（ア）の値は，参考とすると規定されている．

① 伝搬遅延時間差　② 反射減衰量　③ 不平衡減衰量
④ 近端漏話減衰量　⑤ 遠端漏話減衰量

解説

JIS X 5150:2016 の平衡配線性能において，挿入損失が 3.0〔dB〕を下回る周波数における(イ)反射減衰量の値は，参考とすると規定されています．

なお，挿入損失が 4.0〔dB〕を下回る周波数での近端漏話減衰量（NEXT）の値は，参考とすると規定されており，これらは，「挿入損失の測定結果が非常に小さい場合は，その周波数における漏話特性と反射減衰量については測定結果によらず試験結果を合格と判断することができる」という，「**3dB/4dB ルール**」と呼ばれています．

【解答　ア：②（反射減衰量)】

本問題と同様の問題が平成 29 年度第 1 回試験に出題されています．

問 10	平衡ケーブルの機械的特性	【H31-1 第 4 問 (4)】

JIS X 5150:2016 では，平衡ケーブルの機械的特性が規定されており，直径 6 ミリメートルを超える 4 対ケーブルの施工後における最小曲げ半径は，（エ）ミリメートルである．

① 10　② 20　③ 30　④ 40　⑤ 50

解説

JIS X 5150:2016 では，平衡ケーブルの機械的特性が規定されており，直径 6〔mm〕を超える 4 対ケーブルの施工後の最小曲げ半径は，(エ)50〔mm〕です．

JIS X 5150:2016 では，平衡ケーブルの機械的特性のうち，施工後の最小曲げ半径については，直径 6〔mm〕以下の 4 対ケーブルでは 25〔mm〕，直径 6〔mm〕を超える 4 対ケーブルでは 50〔mm〕と規定されています．

【解答　エ：⑤（50)】

本問題と同様の問題が平成 29 年度第 1 回と平成 28 年度第 1 回の試験に出題されています．また，類似の試験問題が平成 29 年度第 2 回試験に出題されています．

問 11　水平配線設計　【H31-1　第 4 問（5）】

JIS X 5150:2016 では，図に示す水平配線の設計において，クロスコネクト-TO モデル，クラス D のチャネルの場合，機器コード，パッチコード／ジャンパ及びワークエリアコードの長さの総和が 17 メートルのとき，固定水平ケーブルの最大長は［（オ）］メートルとなる．ただし，使用温度は 20〔℃〕，コードの挿入損失〔dB/m〕は水平ケーブルの挿入損失〔dB/m〕に対して 50 パーセント増とする．

①　80.5　②　81.0　③　81.5　④　82.0　⑤　82.5

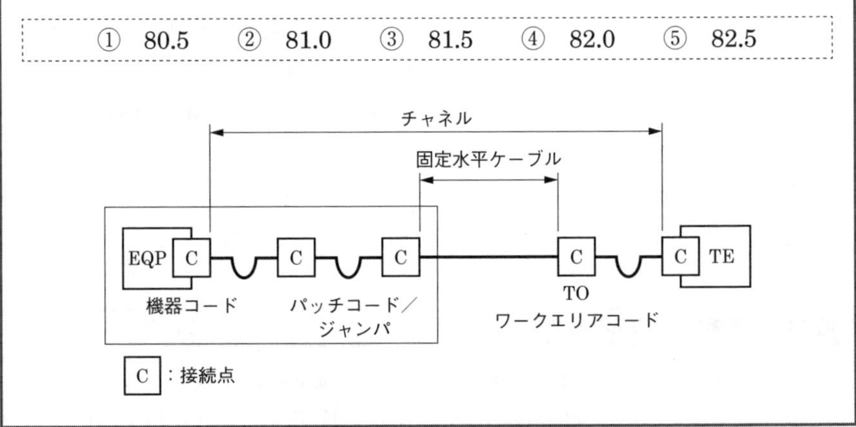

解説

JIS X 5150:2016 では，クロスコネクト-TO モデル，クラス D のチャネルの場合，使用温度 20〔℃〕では，固定水平ケーブルの最大長は次式で表されます．

$$H = 107 - FX$$

上式で，F は機器コード，パッチコード／ジャンパおよびワークエリアコードの長さの総和で，17〔m〕．X は，コードの挿入損失〔dB/m〕の水平ケーブルの挿入損失〔dB/m〕に対する比で 1.5.

これらを上式に代入すると，固定水平ケーブルの最大長 H は，

$$H = 107 - FX = 107 - 17 \times 1.5 = 107 - 25.5 = 81.5〔m〕（③）$$

【解答　オ：③（81.5)】

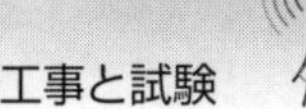

問 12 **反射減衰量** 【H31-1 第5問 (2)】

JIS X 5150:2016の平衡配線性能における反射減衰量の要求事項は，平衡配線のクラス分類のうち，クラス［（イ）］にだけ適用される．

① A，B，C及びD ② B，C及びD
③ B，C，D，E及びE_A ④ C，D，E及びE_A
⑤ C，D，E，E_A，F及びF_A

解説

JIS X 5150:2016の平衡配線性能における反射減衰量の要求事項は，平衡配線のクラス分類のうち，クラス(イ)C，D，E，E_A，FおよびF_Aにだけ適用されます．

カテゴリがケーブル，通信アウトレット等，配線要素としての性能を規定している分類名であるのに対して，クラスは，チャネル，パーマネントリンク等，配線としての性能を規定している分類名です．

JIS X 5150:2016では，チャネルの各対の反射減衰量は，下表の等式から導かれる要求値を満たさなければならないとしています．反射減衰量は，入射波に対する反射波の比率（反射係数）の逆数をdBで表現したもので，整合の程度を示すために用いられます．反射が少ない（整合が良好な場合）ほど反射減衰量の値は大きくなります．

表 チャネルの反射減衰量

クラス	周波数〔MHz〕	最小反射減衰量〔dB〕
C	$1 \leqq f \leqq 16$	15.0
D	$1 \leqq f < 20$	17.0
	$20 \leqq f \leqq 100$	$30 - 10 \log_{10} f$
E	$1 \leqq f < 10$	19.0
	$10 \leqq f < 40$	$24 - 5 \log_{10} f$
	$40 \leqq f \leqq 250$	$32 - 10 \log_{10} f$
E_A	$1 \leqq f < 10$	19.0
	$10 \leqq f < 40$	$24 - 5 \log_{10} f$
	$40 \leqq f < 398.1$	$32 - 10 \log_{10} f$
	$398.1 \leqq f \leqq 500$	6.0

4章 接続工事の技術

表　チャネルの反射減衰量（つづき）

クラス	周波数〔MHz〕	最小反射減衰量〔dB〕
F	$1 \leqq f < 10$	19.0
	$10 \leqq f < 40$	$24 - 5 \log_{10} f$
	$40 \leqq f < 251.2$	$32 - 10 \log_{10} f$
	$251.2 \leqq f \leqq 600$	8.0
F_A	$1 \leqq f < 10$	19.0
	$10 \leqq f < 40$	$24 - 5 \log_{10} f$
	$40 \leqq f < 251.2$	$32 - 10 \log_{10} f$
	$251.2 \leqq f < 631$	8.0
	$631 \leqq f \leqq 1\,000$	$36 - 10 \log_{10} f$

f：周波数

【解答　イ：⑤（C，D，E，E_A，FおよびF_A）】

本問題と同様の問題が平成30年度第1回と平成28年度第2回の試験に出題されています．

問 13　水平配線設計　【H30-2　第4問（5）】

JIS X 5150:2016では，図に示す水平配線の設計において，インタコネクト-TOモデル，クラスEのチャネルの場合，機器コード及びワークエリアコードの長さの総和が17メートルのとき，固定水平ケーブルの最大長は［（オ）］メートルとなる．ただし，使用温度は20〔℃〕，コードの挿入損失〔dB/m〕は水平ケーブルの挿入損失〔dB/m〕に対して50パーセント増とする．

① 78.5　② 79.5　③ 80.5　④ 81.5　⑤ 82.5

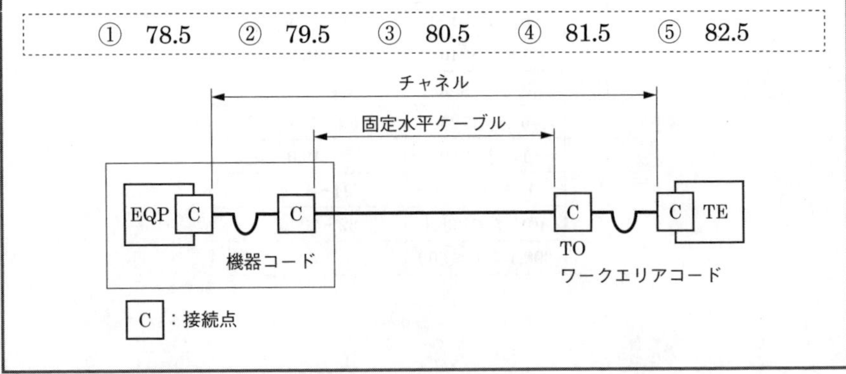

解説

JIS X 5150では，インタコネクト-TOモデル，クラスEのチャネルの場合，使用温度20〔℃〕では，固定水平ケーブルの最大長は次式で表されます．

$$H = 107 - 3 - FX$$

上式で，Fは機器コードおよびワークエリアコードの長さの総和で，17〔m〕．

Xは，コードの挿入損失〔dB/m〕の水平ケーブルの挿入損失〔dB/m〕に対する比で1.5.

これらを上式に代入すると，固定水平ケーブルの最大長Hは，

$$H = 107 - 3 - FX = 107 - 3 - 17 \times 1.5 = 104 - 25.5 = 78.5 \text{〔m〕} (①)$$

【解答 オ：①（78.5）】

問14 反射減衰量 【H30-2 第5問（1）】

JIS X 5150:2016の平衡配線性能において，挿入損失が［（ア）］周波数における反射減衰量の値は，参考とすると規定されている．

① 3.0dBを下回る　② 3.0dBを上回る
③ 4.0dBを下回る　④ 4.0dBを上回る

解説

JIS X 5150:2016の平衡配線性能において，挿入損失が(ア)3.0dBを下回る周波数における反射減衰量の値は，参考とすると規定されています．

【解答 ア：①（3.0dBを下回る）】

本問題と類似の問題が平成29年度第1回試験に出題されています．

問15 水平配線設計 【H30-1 第4問（5）】

JIS X 5150:2016では，図に示す水平配線の設計において，クロスコネクト-TOモデル，クラスEのチャネルの場合，機器コード，パッチコード／ジャンパ及びワークエリアコードの長さの総和が15メートルのとき，固定水平ケーブルの最大長は［（オ）］メートルとなる．ただし，使用温度は20〔℃〕，コードの挿入損失〔dB/m〕は水平ケーブルの挿入損失〔dB/m〕に対して50パーセント増とする．

① 79.5　② 80.5　③ 81.5　④ 82.5　⑤ 83.5

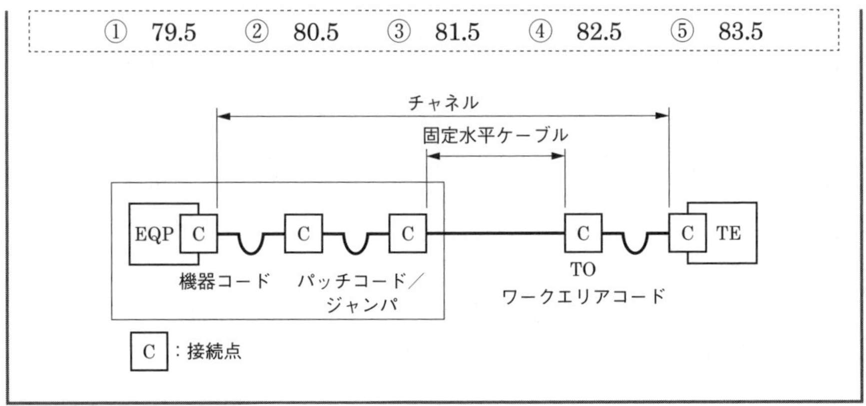

解説

JIS X 5150では，水平配線の設計において，クロスコネクト-TOモデル，クラスEのチャネルの場合，使用温度20〔℃〕では，固定水平ケーブルの最大長は次式で表されます．

$$H = 106 - 3 - FX$$

上式で，Fは機器コード，パッチコード／ジャンパおよびワークエリアコードの長さの総和で，15〔m〕．Xは，コードの挿入損失〔dB/m〕の水平ケーブルの挿入損失〔dB/m〕に対する比で1.5．

これらを上式に代入すると，固定水平ケーブルの最大長Hは，

$$H = 106 - 3 - FX = 106 - 3 - 15 \times 1.5 = 103 - 22.5 = 80.5〔m〕(②)$$

【解答　オ：②（80.5)】

問16　平衡ケーブルの機械的特性　【H29-2　第4問（1)】

JIS X 5150:2016では，平衡ケーブルの機械的特性が規定されており，直径6ミリメートル以下の4対ケーブルの施工後における最小曲げ半径は，［（ア）］ミリメートルである．

① 20　② 25　③ 35　④ 45　⑤ 50

解説

JIS X 5150:2016では，平衡ケーブルの機械的特性が規定されており，直径6〔mm〕以下の4対ケーブルの施工後における最小曲げ半径は，(ア)25〔mm〕

です．

平衡ケーブルの最小曲げ半径は，「9.2.2.2 平衡ケーブルの機械的特性」表37に記載されています．なお，表37においては，直径6〔mm〕を超える4対ケーブルの施工後の最小曲げ半径については50〔mm〕と規定しています．

【解答　ア：② (25)】

問 17　水平配線設計　【H29-2　第4問 (5)】

JIS X 5150:2016では，図に示す水平配線の設計において，クロスコネクト-TOモデル，クラスDのチャネルの場合，機器コード，パッチコード／ジャンパ及びワークエリアコードの長さの総和が13メートルのとき，固定水平ケーブルの最大長は［（オ）］メートルとなる．ただし，使用温度は20〔℃〕，コードの挿入損失〔dB/m〕は水平ケーブルの挿入損失〔dB/m〕に対して50パーセント増とする．

① 85.5　② 86.0　③ 86.5　④ 87.0　⑤ 87.5

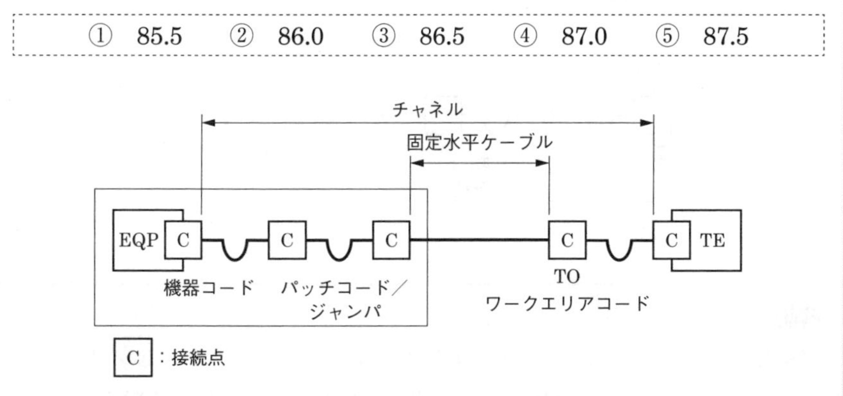

解説

JIS X 5150:2016では，クロスコネクト-TOモデル，クラスDのチャネルの場合，使用温度20〔℃〕では，固定水平ケーブルの最大長は次式で表されます．

$$H = 107 - FX$$

上式で，Fは機器コード，パッチコード／ジャンパおよびワークエリアコードの長さの総和で，13〔m〕．Xはコードの挿入損失〔dB/m〕の水平ケーブルの挿入損失〔dB/m〕に対する比で1.5．

これらを上式に代入すると，固定水平ケーブルの最大長Hは，

$$H = 107 - FX = 107 - 13 \times 1.5 = 107 - 19.5 = 87.5 \text{〔m〕(⑤)}$$

【解答　オ：⑤（87.5）】

問 18　水平配線設計　【H29-1　第 4 問（5）】

JIS X 5150:2016 では，図に示す水平配線の設計において，クロスコネクト-TO モデル，クラス E のチャネルの場合，機器コード，パッチコード／ジャンパ及びワークエリアコードの長さの総和が 16 メートルのとき，固定水平ケーブルの最大長は［（オ）］メートルとなる．ただし，使用温度は 20〔℃〕，コードの挿入損失〔dB/m〕は水平ケーブルの挿入損失〔dB/m〕に対して 50 パーセント増とする．

① 79.0　② 80.5　③ 82.0　④ 84.5　⑤ 86.0

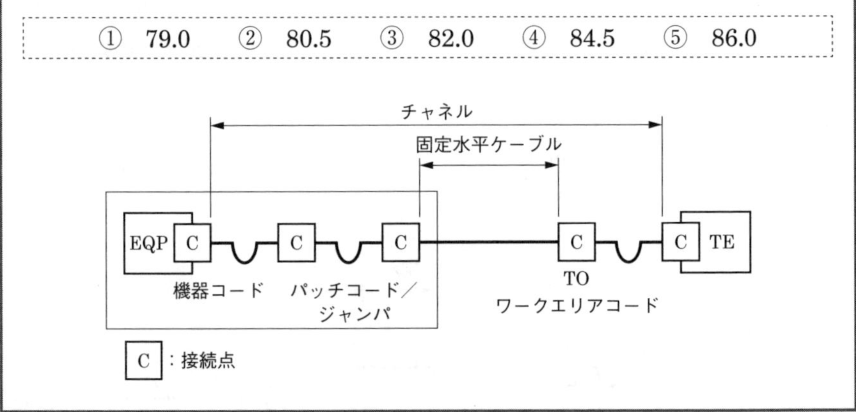

解説

JIS X 5150:2016 では，クロスコネクト-TO モデル，クラス E のチャネルの場合，使用温度 20〔℃〕では，固定水平ケーブルの最大長は次式で表されます．

$$H = 106 - 3 - FX$$

上式で，F は機器コード，パッチコード／ジャンパおよびワークエリアコードの長さの総和で，16〔m〕．X はコードの挿入損失〔dB/m〕の水平ケーブルの挿入損失〔dB/m〕に対する比で 1.5.

これらを上式に代入すると，固定水平ケーブルの最大長 H は，

$$H = 106 - 3 - FX = 103 - 16 \times 1.5 = 103 - 24 = 79.0 \text{〔m〕(①)}$$

【解答　オ：①（79.0）】

問 19 **水平配線設計** 【H28-2 第 4 問 (5)】

JIS X 5150:2016 では，図に示す水平配線の設計において，インターコネクト-TO モデル，クラス E のチャネルの場合，機器コード及びワークエリアコードの長さの総和が 13 メートルのとき，固定水平ケーブルの最大長は［（オ）］メートルとなる．ただし，使用温度は 20〔℃〕，コードの挿入損失〔dB/m〕は水平ケーブルの挿入損失〔dB/m〕に対して 50 パーセント増とする．

① 80.5　② 83.0　③ 84.5　④ 87.0

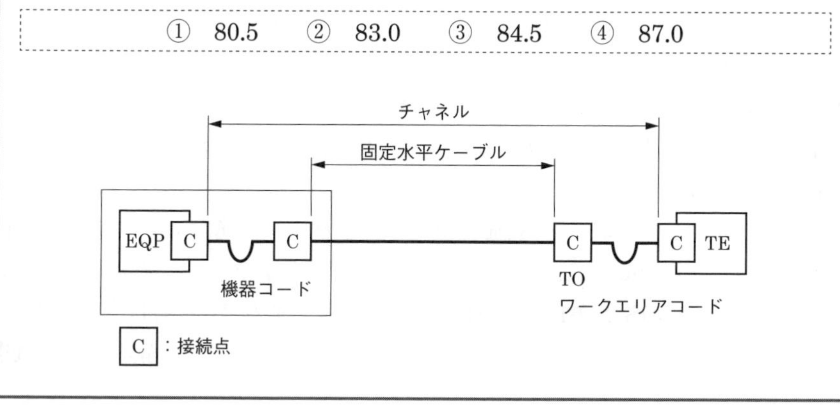

解説

JIS X 5150 では，水平配線設計において，インタコネクト-TO モデル，クラス E のチャネルの場合，使用温度 20〔℃〕では，固定水平ケーブルの最大長は次式で表されます．

$$H = 107 - 3 - FX$$

上式で，F は機器コードおよびワークエリアコードの長さの総和で，13〔m〕．

X は，コードの挿入損失〔dB/m〕の水平ケーブルの挿入損失〔dB/m〕に対する比で 1.5.

これらを上式に代入すると，固定水平ケーブルの最大長 H は，

$$H = 107 - 3 - FX = 107 - 3 - 13 \times 1.5 = 104 - 19.5 = 84.5 \text{〔m〕}（③）$$

【解答　オ：③ (84.5)】

問 20　光ファイバ配線の性能試験項目

【H28-1　第 4 問（1)】

JIS X 5150:2004 では，光ファイバ配線の性能試験項目として，光減衰量，（ア），伝搬遅延などの項目を規定している．

① 挿入損失　② 伝搬遅延時間差　③ 極性の保持及び継続
④ 結合減衰量　⑤ 反射減衰量

解説

JIS X 5150:2004 は，2016 年に JIS X 5150:2016 に改正されています．JIS X 5150:2016 では，光ファイバ配線の性能試験項目として，附属書 B(規定) 試験手順の「表 B.2-基準適合試験および施工適合試験の試験体系―光ファイバ配線」において，減衰量，伝送遅延，極性，長さ，コネクタ反射減衰量が規定されています．

この改正において，JIS X 5150:2004 に含まれていた光ファイバ配線の性能試験項目の「マルチモード帯域幅」と「極性の保持および継続」は含まれていません．本問題は，JIS X 5150:2004 に関する問題ですので，解答は省略します．

【解答　ア：省略】

問 21　水平配線設計

【H28-1　第 4 問（5)】

JIS X 5150:2004 では，図に示す水平配線の設計において，クロスコネクト-TO モデル，カテゴリ 5 要素を使ったクラス D のチャネルの場合，機器コード，パッチコード／ジャンパ及びワークエリアコードの長さの総和が 16 メートルのとき，水平ケーブルの最大長は（オ）メートルとなる．ただし，使用温度は 20〔℃〕，コードの挿入損失〔dB/m〕は水平ケーブルの挿入損失〔dB/m〕に対して 50 パーセント増とする．

① 80　② 81　③ 82　④ 83　⑤ 84

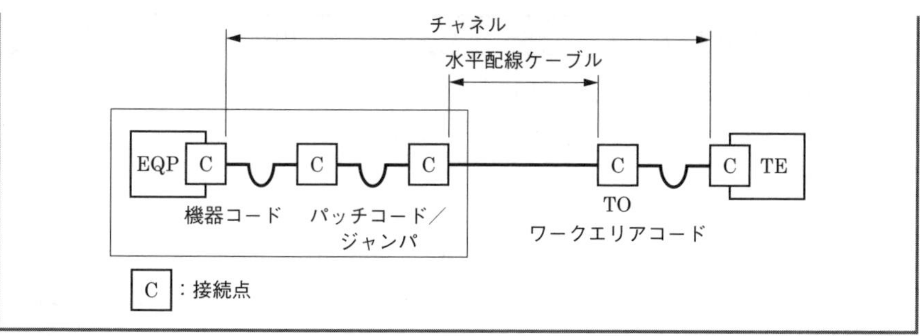

解説

JIS X 5150 では，クロスコネクト-TO モデル，クラス D のチャネルの場合，使用温度 20〔℃〕では，固定水平ケーブルの最大長は次式で表されます．

$$H = 107 - FX$$

上式で，F は機器コード，パッチコード／ジャンパおよびワークエリアコードの長さの総和で，16〔m〕．X は，コードの挿入損失〔dB/m〕の水平ケーブルの挿入損失〔dB/m〕に対する比で 1.5．

これらを上式に代入すると，固定水平ケーブルの最大長 H は，

$$H = 107 - FX = 107 - 16 \times 1.5 = 107 - 24 = 83 \text{〔m〕} \text{（④）}$$

【解答　オ：④（83）】

問 22　反射減衰量と 3dB/4dB ルール　【H28-1　第 5 問（1）】

JIS X 5150:2004 の規定では，平衡配線の性能測定における 3dB/4dB ルールといわれる判定方法において，挿入損失の測定結果が［（ア）］となる周波数範囲の反射減衰量に関する特性について，その周波数範囲の部分で試験結果が不合格となっても合格とみなすことができるとされている．

①　3dB 以下　　②　3dB 以上　　③　4dB 以下　　④　4dB 以上

解説

JIS X 5150 の規定では，平衡配線の性能測定における **3dB/4dB ルール**といわれる判定方法において，挿入損失の測定結果が（ア）3dB 以下となる周波数範囲の反射減衰量に関する特性について，その周波数範囲の部分で試験結果が不合格となっても合格とみなすことができるとされています（本節問 14 参照）．

【解答　ア：①（3dB 以下）】

問 23　ビルの接地システム　【H27-2　第4問（3）】

JIS X 5150:2004 では，ビルの接地システムは，ネットワーク上の任意の二つの接地間で［（ウ）］Vr.m.s の接地電位差制限を超えないことが望ましいと規定されている．

①　1　　②　5　　③　10　　④　50　　⑤　100

解説

JIS X 5150 では，ビル内の異なったシステムに対するすべての接地電極は，接地電位の差の影響を減少させるために互いに接続されなければならない，ビルの接地システムは，ネットワーク上の任意の二つの接地間で$_{(ウ)}$1〔Vr.m.s〕の接地電位差制限を超えないことが望ましい，とされています．

参考

Vr.m.s は，交流電圧の実効値（root mean square value）の単位で，交流電圧の 1 周期における平均電力が，直流電圧をかけた場合の電力と等しくなるときの直流電圧を，交流電圧の実効値としている．

【解答　ウ：①（1）】

問 24　水平配線設計　【H27-2　第4問（5）】

JIS X 5150:2004 の水平配線の設計に規定する算出式に基づいて，使用温度 20〔℃〕の条件で水平ケーブル（UTP ケーブル）の最大長を算出した結果，90.0 メートルとなった．実際の使用温度が 35〔℃〕とすると，水平ケーブルの最大長は，［（オ）］メートルとなる．

①　84.6　　②　86.4　　③　88.2　　④　90.0　　⑤　91.8

解説

水平ケーブル（UTP ケーブル）の最大長は，20〔℃〕以上の使用温度では，20～40〔℃〕で 1〔℃〕当たり 0.4〔%〕，40～60〔℃〕で 1〔℃〕当たり 0.6〔%〕，減じます．よって，20〔℃〕で 90〔m〕であった場合，35〔℃〕では，次のようになります．

$$90(1-0.4\times0.01\times(35-20))=\underline{84.6}\text{〔m〕}（①）$$

参考

シールドケーブルの場合は，20～60〔℃〕の範囲で1〔℃〕当たり0.2〔%〕減となる．

【解答　オ：①（84.6）】

問25　反射減衰量と3dB/4dBルール　【H27-2　第5問（3）】

JIS X 5150:2004の平衡配線の性能測定における反射減衰量の判定方法について述べた次の二つの記述は，[（ウ）]．

A　反射減衰量の要求値は，配線の両端で満たさなければならない．挿入損失の測定結果が3.0dBを下回る周波数における反射減衰量の値は，参考とする．

B　反射減衰量の要求事項は，平衡配線のクラス分類のうち，クラスC，D及びEにだけ適用される．

①　Aのみ正しい　　②　Bのみ正しい
③　AもBも正しい　　④　AもBも正しくない

解説

・Aは正しい．本節問14参照．
・反射減衰量の要求事項は，クラスC，D，E，E_A，FおよびF_Aにだけ適用されます（Bは誤り）．クラスの意味については，本節問12を参照のこと．

【解答　ウ：①（Aのみ正しい）】

問26　通信アウトレット　【H27-1　第4問（4）】

JIS X 5150:2004に規定されている複数利用者通信アウトレットについて述べた次の二つの記述は，[（エ）]．

A　複数利用者通信アウトレットは，最大で12のワークエリアに対応するように制限されるのが望ましいと規定されている．

B　複数利用者通信アウトレットは，開放型のワークエリアにおいて，各ワークエリアグループに少なくとも二つは割り当てなければならないと規定されている．

接続工事の技術

① Aのみ正しい	② Bのみ正しい
③ AもBも正しい	④ AもBも正しくない

解説

・Aは正しい．

・「複数利用者通信アウトレットは，開放型のワークエリアにおいて，各ワークエリアグループに少なくとも一つは割り当てなければならない．」と規定されています（Bは誤り）．

JIS X 5150:2016では，**通信アウトレット（TO）**とは「水平ケーブルを終端する接続器具でワークエリア配線へのインタフェースを提供する」と規定されています．また，**複数利用者通信アウトレット（MUTO）**とは「幾つかの通信アウトレットを1箇所にグループ化したもの」で，最大で12のワークエリアに対応するように制限されるのが望ましいとされています．JIS X 5150で規定される配線構成を下図に示します．

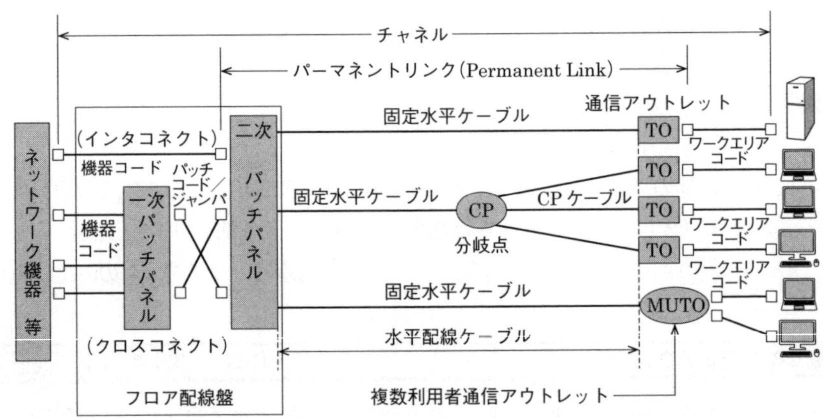

図 JIS X 5150:2016で規定される配線構成

【解答 エ：①（Aのみ正しい）】

問 27　水平配線設計　【H27-1　第 4 問 (5)】

JIS X 5150:2004 では，図に示す水平配線の設計において，クロスコネクト-TO モデル，カテゴリ 6 要素を使ったクラス E のチャネルの場合，機器コード，パッチコード／ジャンパ及びワークエリアコードの長さの総和が 15 メートルのとき，水平ケーブルの最大長は ＿(オ)＿ メートルとなる．ただし，使用温度は 20〔℃〕，コードの挿入損失〔dB/m〕は水平ケーブルの挿入損失〔dB/m〕に対して 50 パーセント増とする．

① 80.5　② 81.5　③ 83.5　④ 85.5　⑤ 86.5

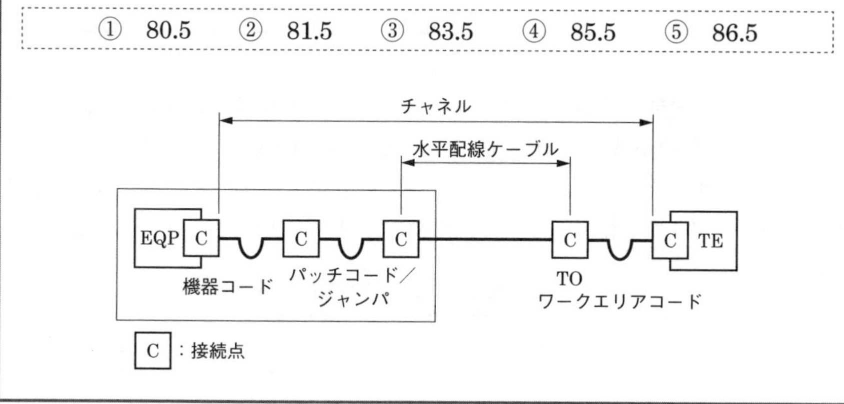

解説

本節問 8 の表より，クロスコネクト-TO モデル，カテゴリ 6 要素を使ったクラス E のチャネルの場合，使用温度 20〔℃〕では，固定水平ケーブルの最大長は次式で表されます．

$$H = 106 - 3 - FX$$

上式で，F は機器コード，パッチコード／ジャンパおよびワークエリアコードの長さの総和で，15〔m〕です．

コードの挿入損失〔dB/m〕は，水平ケーブルの挿入損失〔dB/m〕の 50〔%〕増であるため，それらの比，$X = 1.5$ となります．

これらを上式に代入すると，固定水平ケーブルの最大長 H は，次のようになります．

$$H = 106 - 3 - FX = 103 - 15 \times 1.5 = 103 - 22.5 = 80.5 \text{〔m〕} \text{（①）}$$

【解答　オ：①（80.5）】

4-2-3　光ファイバ損失試験方法

問 28　**光コネクタ挿入損失試験方法**　【R1-2　第 4 問（1）】

光ファイバの接続に光コネクタを使用したときの挿入損失を測定する試験方法は，光コネクタの構成別に JIS で規定されており，片端プラグ（光接続コード）のときの基準試験方法は，（ア）である．

① マンドレル巻き法　② カットバック法　③ 置換え法
④ 挿入法（B）　⑤ ワイヤメッシュ法

解説

光ファイバの接続に光コネクタを使用したときの挿入損失を測定する試験方法は，光コネクタの構成別に JIS C 5961:2009 や JIS C 61300-3-4:2017 で規定されています．光コネクタの挿入損失測定の試験方法を下表に示します．表より，片端プラグ（光接続コード）のときの基準試験方法は，(ア)挿入法（B）です．

表　光コネクタの試験方法

構　成	試験方法	
	基準法	代替法
光ファイバ対光ファイバ（構成部品）	カットバック	──
光ファイバ対光ファイバ（現場取付け光コネクタ）	挿入法（A）	カットバック
光ファイバ対プラグ	カットバック	──
プラグ対プラグ（光接続コード）	挿入法（C）	置換え
片端プラグ（光接続コード）	挿入法（B）	──
レセプタクル対レセプタクルまたはアダプタ	置換え	挿入法（C）
レセプタクル対プラグ	置換え	挿入法（C）

JIS C 5961:2009 より

【解答　ア：④（挿入法（B））】

覚えよう！
JIS C 5961:2009 で規定されている光コネクタの挿入損失の基準試験方法を問う問題はよく出題されています．

本問題と同様の問題が平成 30 年度第 2 回と平成 29 年度第 1 回，平成 27 年度第 2 回の試験に出題されています．

問 29　挿入損失法　【R1-2　第 5 問（2）】☑☑☑

JIS C 6823:2010 光ファイバ損失試験方法における挿入損失法について述べた次の二つの記述は，［（イ）］.

A　挿入損失法は，カットバック法よりも精度は落ちるが，被測定光ファイバ及び両端に固定される端子に対して非破壊で測定することができる利点がある.

B　挿入損失法は，測定原理から光ファイバ長手方向での損失の解析に使用することができ，入射条件を変化させながら連続的な損失変動を測定することが可能である.

① Aのみ正しい　② Bのみ正しい
③ AもBも正しい　④ AもBも正しくない

解説

・Aは正しい．カットバック法は，入射端から 1〜2〔m〕程度の点で被測定光ファイバを切断し，その点における光パワーを測定し，これを入射光パワーとして，被測定光ファイバからの出力パワーと比較することにより伝送損失を求めます．一方，挿入損失法では，光コネクタによりケーブルを取り外して測定を行うため，光コネクタでの損失により，**カットバック法よりも精度は落ちますが，光コネクタの使用により，非破壊で（光ファイバを切断せずに）測定**できます.

・挿入損失法は，光を被測定光ファイバに入射させ，その光パワーと被測定光ファイバの終端での光パワーを比較して損失を求める方法であるため，原理的に光ファイバの長手方向での損失の解析に使用することができません（Bは誤り）.

・**光ファイバの長手方向での損失の解析に使用できるのは OTDR 法**です.

【解答　イ：①（Aのみ正しい）】

本問題と同様の問題が平成 28 年度第 2 回試験に出題されています.

問 30 **OTDR 法** 【H31-1　第 4 問（1）】☑☑☑

JIS C 6823:2010 光ファイバ損失試験方法における OTDR 法について述べた次の二つの記述は，［（ア）］．

A　OTDR 法は，光ファイバの単一方向の測定であり，光ファイバの異なる箇所から光ファイバの先端まで光波長の変化を測定する方法である．

B　OTDR 法での測定は，光ファイバ内の伝搬速度及び光ファイバの後方散乱作用に影響され，光ファイバ損失を正確に測定できないことがあるが，被測定光ファイバの両端からの後方散乱光を測定し，この二つの OTDR 波形を平均化することによって，光ファイバの損失試験に用いることができる．

① Aのみ正しい　② Bのみ正しい
③ AもBも正しい　④ AもBも正しくない

解説

・OTDR 法は，光ファイバの単一方向の測定であり，光ファイバの異なる箇所から光ファイバの先端まで後方散乱光パワーを測定する方法です．光パルスを入射した後，ケーブル上の各箇所から後方散乱光パワーが戻ってくるまでの時間（この時間と光の伝送速度により入射点と各箇所までの距離が求まる）と，距離ごとの後方散乱光パワーの強度を測定することによって，光ファイバの損失を求めます（A は誤り）．

・B は正しい．JIS C 6823:2010「光ファイバ損失試験方法」の附属書 C「C.1 概要」より．

【解答　ア：②（B のみ正しい）】

類似の（設問の一部が同じ）問題が平成 30 年度第 1 回試験に出題されています．

問 31 **光ファイバ損失試験方法の種類** 【H31-1　第 5 問（3）】☑☑☑

JIS C 6823:2010 光ファイバ損失試験方法に規定する測定方法などについて述べた次の二つの記述は，［（ウ）］．

A　光ファイバの損失試験方法には，カットバック法，挿入損失法，OTDR 法及び損失波長モデルの四つがあり，このうちカットバック法，挿入損失法及び OTDR 法はシングルモード光ファイバだけに適用される．

B　OTDR 法において，短距離測定の場合は，最適な分解能を与えるために，短いパルス幅が必要であり，長距離測定の場合は，非線形現象の影響のない範囲内で光ピークパワーを大きくすることによってダイナミックレンジを大きくすることができる．

①　A のみ正しい　　②　B のみ正しい
③　A も B も正しい　　④　A も B も正しくない

解説

・光ファイバの損失試験方法のうち，シングルモード光ファイバだけに適用されるのは損失波長モデルだけです．それ以外のカットバック法，挿入損失法，OTDR 法は，シングルモード光ファイバとマルチモード光ファイバの両方に適用できます（A は誤り）．

・B は正しい．分解能を上げるにはパルス幅を短くする必要があります．一方，長距離測定では，光ファイバ内で伝搬する光の減衰が大きくなるため，光ピークパワーを大きくしてダイナミックレンジを大きくすることが必要です．

【解答　ウ：②（B のみ正しい）】

問 32　**OTDR 法**　【H30-2　第 5 問（2）】

図は，JIS C 6823:2010 光ファイバ損失試験方法における OTDR 法による不連続点での測定波形の例を示したものである．この測定波形のⒷからⒹまでの区間は，（イ）の OTDR での測定波形を表示している．ただし，OTDR 法による測定で必要なスプライス又はコネクタは，低挿入損失かつ低反射であり，OTDR 接続コネクタでの初期反射を防ぐための反射制御器としてダミー光ファイバを使用している．また，測定に用いる光ファイバには，マイクロベンディングロスがないものとする．

①　被測定光ファイバの入力端から被測定光ファイバの融着接続点まで
②　被測定光ファイバの入力端から被測定光ファイバの終端まで
③　被測定光ファイバの融着接続点から被測定光ファイバの終端まで
④　ダミー光ファイバの出力端から被測定光ファイバの融着接続点まで

4章　接続工事の技術

⑤　ダミー光ファイバの出力端から被測定光ファイバの入力端まで

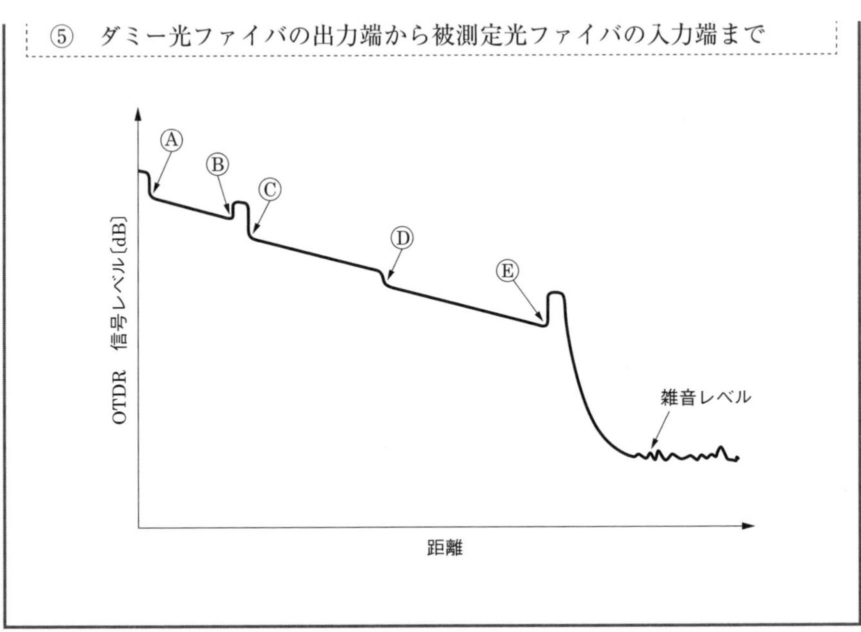

解説

設問の図で，ⒶとⒷの間がダミー光ファイバ，Ⓑの後の測定波形が高くなっている部分が，ダミー光ファイバと被測定光ファイバを接続する光コネクタ，ⒸとⒺの間が被測定光ファイバで，Ⓓで測定波形の大きさが下がっている部分が融着接続点，Ⓔは被測定光ファイバの終端となります．光コネクタと終端部分では光の反射が大きくなり，融着接続点では反射波が減衰するため，このような測定波形となります．

よって，測定波形のⒷからⒹまでの区間は，(イ)ダミー光ファイバの出力端から被測定光ファイバの融着接続点までの OTDR での測定波形を表示しています．

【解答　イ：④（ダミー光ファイバの出力端から被測定光ファイバの融着接続点まで）】

本問題と同様の問題が平成 29 年度第 1 回試験に出題されています．

問 33　光コネクタ挿入損失試験方法　【H30-1　第 4 問（1）】 ☑☑☑

光ファイバの接続に光コネクタを使用したときの挿入損失を測定する試験方法は，光コネクタの構成別に JIS で規定されており，光ファイバ対光ファイバ（現場取付け光コネクタ）のときの基準試験方法は，［（ア）］である．

① ワイヤメッシュ法　② カットバック法　③ 挿入法（A）
④ マンドレル巻き法　⑤ 置換え法

解説

光ファイバの接続に光コネクタを使用したときの挿入損失を測定する試験方法は，光コネクタの構成別に JIS C 5961:2009 で規定されています．光ファイバ対光ファイバ（現場取付け光コネクタ）のときの基準試験方法は，(ア)挿入法（A）です（問 28 の解説の表を参照のこと）．

【解答　ア：③（挿入法（A））】

本問題と同様の問題が平成 28 年度第 2 回試験に出題されています．

問 34　OTDR 法　【H30-1　第 4 問（3）】

JIS C 6823:2010 光ファイバ損失試験方法における OTDR 法について述べた次の二つの記述は，［（ウ）］．

A　OTDR 法は，光ファイバの単一方向の測定であり，光ファイバの異なる箇所から光ファイバの先端まで後方散乱光パワーを測定する方法である．

B　OTDR 法での測定は，光ファイバ内の伝搬速度及び光ファイバの後方散乱作用に影響され，光ファイバ損失を正確に測定できないことがあるが，被測定光ファイバの両端からの後方散乱光を測定し，この二つの OTDR 波形を平均化することによって，光ファイバの損失試験に用いることができる．

① Aのみ正しい　② Bのみ正しい
③ AもBも正しい　④ AもBも正しくない

解説

・Aは正しい．OTDR 法では，光パルスを入射した後，ケーブル上の各箇所から後方散乱光パワーが戻ってくるまでの時間（この時間と光の伝送速度により入射点と各箇所までの距離が求まる）と，距離ごとの後方散乱光パワーの強度を測定することによって，光ファイバの損失を求めます．

・Bは正しい．JIS C 6823:2010「光ファイバ損失試験方法」の附属書 C「C.1 概要」より．

【解答　ウ：③（AもBも正しい）】

本問題と同様の問題が平成 28 年度第 1 回試験に出題されています.

問 35 **OTDR 法** 【H30-1 第 5 問 (3)】

図は，JIS C 6823:2010 光ファイバ損失試験方法における OTDR 法による不連続点での測定波形の例を示したものである．この測定波形のⒸからⒺまでの区間は，[(ウ)]の OTDR での測定波形を表示している．ただし，OTDR 法による測定で必要なスプライス又はコネクタは，低挿入損失かつ低反射であり，OTDR 接続コネクタでの初期反射を防ぐための反射制御器としてダミー光ファイバを使用している．また，測定に用いる光ファイバには，マイクロベンディングロスがないものとする．

① ダミー光ファイバの入力端から被測定光ファイバの融着接続点まで
② ダミー光ファイバの入力端から被測定光ファイバの入力端まで
③ ダミー光ファイバの出力端から被測定光ファイバの融着接続点まで
④ 被測定光ファイバの入力端から被測定光ファイバの終端まで
⑤ 被測定光ファイバの融着接続点から被測定光ファイバの終端まで

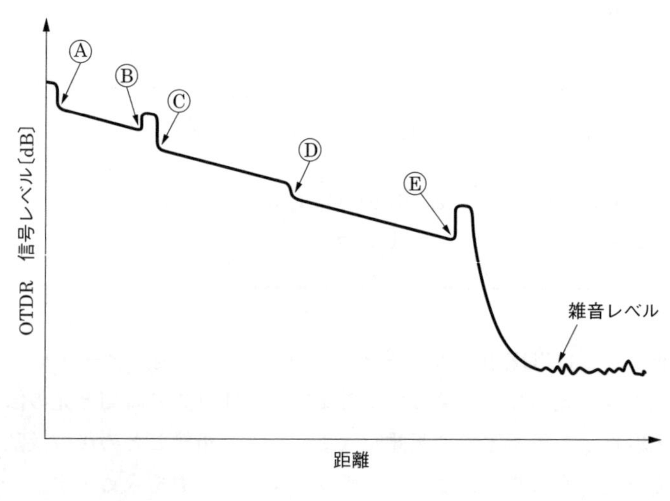

解説

設問の図で，ⒷとⒸの間で反射波が大きくなっている部分は，ダミー光ファイ

バと被測定光ファイバを接続する光コネクタからのフレネル反射によります．Ⓓは，被測定光ファイバの間にある融着接続点です．融着接続により，Ⓓより遠方から反射してくる後方散乱光パワーが減衰しています．Ⓔは被測定光ファイバの終端部分です．終端部分で空気と接触することにより生じるフレネル反射により反射波が大きくなっています．

以上より，測定波形のⒸからⒺまでの区間は，(ウ)被測定光ファイバの入力端から被測定光ファイバの終端までの OTDR での測定波形を表示しています．

【解答　ウ：④（被測定光ファイバの入力端から被測定光ファイバの終端まで）】

問 36	**光導通試験**	【H28-2　第 4 問（3）】☑☑☑

JIS C 6823:2010 光ファイバ損失試験方法における光導通試験に用いられる光源などについて述べた次の二つの記述は，［（ウ）］.

A　光源は，伝送器内にあり，安定化直流電源で駆動され，大きな放射面をもつ．例えば，白色光源，発光ダイオード（LED）などから成る．伝送器での損失変動を削減するために励振用光ファイバに接続する場合は，コア径が被測定光ファイバのコア径より十分に小さなグレーデッドインデックス形を使用する．

B　光検出器は，光源と整合した受信器，例えば，PIN ホトダイオードなどを使用する．検出レベルを調整できる分圧器，しきい値検出器及び表示器を結合する．同等のデバイスを用いてもよい．損失変動を削減するため，検出器の受感面の寸法は大きくする．

①　A のみ正しい　　②　B のみ正しい
③　A も B も正しい　　④　A も B も正しくない

解説

JIS C 6823:2010 では，損失，光導通，光損失変動，マイクロベンド損失，曲げ損失などの実用的試験方法について規定しています．

・JIS C 6823:2010 の「8.3.2 光源」において，『光源は，伝送器内にあり，安定化直流電源で駆動され，大きな放射面をもつ．例えば，白色光源，発光ダイオード（LED）などから成る．伝送器での損失変動を削減するために励振用光ファイバに接続する場合は，コア径が被測定光ファイバのコア径より十分に大きなステップインデックス形を使用する.』と記載されています(Aは誤り).

・Bは正しい（JIS C 6823:2010の「8.3.3 光検出器」より).

【解答　ウ：②（Bのみ正しい)】

本問題と同様の問題が平成27年度第1回試験に出題されています.

問37　OTDR法　【H28-2　第5問（3)】

図は，JIS C 6823:2010光ファイバ損失試験方法におけるOTDR法による不連続点での測定波形の例を示したものである．この測定波形のⒶからⒸまでの区間は，［（ウ）］のOTDRでの測定波形を表示している．ただし，OTDR法による測定で必要なスプライス又はコネクタは，低挿入損失かつ低反射であり，OTDR接続コネクタでの初期反射を防ぐための反射制御器として光ファイバを使用している．また，測定に用いる光ファイバには，マイクロベンディングロスがないものとする．

① ダミー光ファイバの入力端から被測定光ファイバの入力端まで
② ダミー光ファイバの出力端から被測定光ファイバの入力端まで
③ 被測定光ファイバの入力端から被測定光ファイバの融着接続点まで
④ 被測定光ファイバの融着接続点から被測定光ファイバの終端まで
⑤ 被測定光ファイバの入力端から被測定光ファイバの終端まで

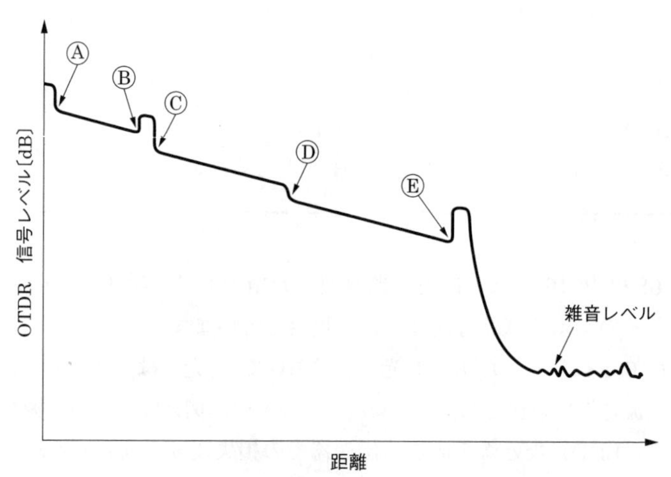

解説

OTDR法では，OTDR（光パルス試験器）とケーブル接続部の近端10〔m〕以内では，反射光によるピークが発生し，測定できないデッドゾーンができるため，光パルスの入力端と被測定ケーブルとの間に十分長いダミーケーブルを使用します．そのため，Ⓐと Ⓑの間がダミー光ファイバ，Ⓑと Ⓒの間の反射光の強い部分が，ダミー光ファイバと被測定ケーブルを接続する光コネクタによるフレネル反射光になります．よって，ⒶからⒸまでの区間は，(ウ)ダミー光ファイバの入力端から被測定光ファイバの入力端までのOTDRでの測定波形を表示しています．

【解答　ウ：①（ダミー光ファイバの入力端から被測定光ファイバの入力端まで）】

問38　OTDR法　【H28-1　第5問（2）】 ☑☑☑

図は，JIS C 6823:2010光ファイバ損失試験方法におけるOTDR法による不連続点での測定波形の例を示したものである．このOTDRでの測定波形の示す区間について述べた次の二つの記述は，［（イ）］．ただし，OTDR法による測定で必要なスプライス又はコネクタは，低挿入損失かつ低反射であり，OTDR接続コネクタでの初期反射を防ぐための反射制御器として光ファイバを使用している．また，測定に用いる光ファイバには，マイクロベンディングロスがないものとする．

A　この測定波形のⒶからⒷまでの区間は，ダミー光ファイバの入力端から被測定光ファイバの融着接続点までを示している．

B　この測定波形のⒹからⒺまでの区間は，被測定光ファイバの入力端から被測定光ファイバの終端までを示している．

①　Aのみ正しい　　②　Bのみ正しい
③　AもBも正しい　　④　AもBも正しくない

4章 接続工事の技術

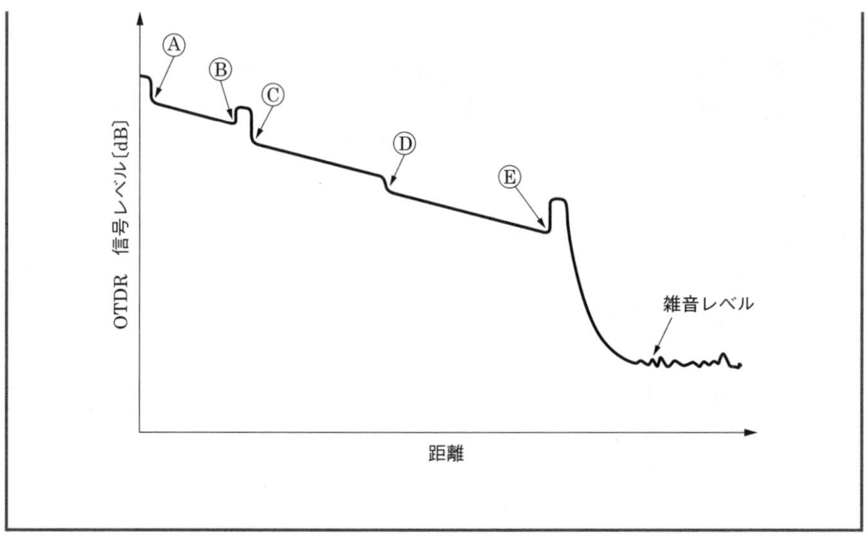

解説

ⒷとⒸの間で光の強度が大きい部分は，ダミー光ファイバと被測定光ファイバを接続する光コネクタでのフレネル反射によるものです．Ⓓで光の強度が低くなっているのは，光ファイバの融着接続による光の減衰です．

- 測定波形のⒶからⒷまでの区間は，ダミー光ファイバの入力端からダミー光ファイバの出力端までを示しています（A は誤り）．
- この測定波形のⒹからⒺまでの区間は，被測定光ファイバの融着接続点から被測定光ファイバの終端までを示しています（B は誤り）．

【解答　イ：④（A も B も正しくない）】

問 39　OTDR

【H27-1　第 5 問（3）】☑☑☑

図は，JIS C 6823:2010 光ファイバ損失試験方法における OTDR 法による不連続点での測定波形の例を示したものである．この OTDR での測定波形の示す区間について述べた次の二つの記述は，［（ウ）］．ただし，OTDR 法による測定で必要なスプライス又はコネクタは，低挿入損失かつ低反射であり，OTDR 接続コネクタでの初期反射を防ぐための反射制御器として光ファイバを使用している．また，測定に用いる光ファイバには，マイクロベンディングロスがないものとする．

A　この測定波形のⒶからⒸの区間は，ダミー光ファイバの入力端から被測定光ファイバの入力端までを示している．

B　この測定波形のⒹからⒺの区間は，ダミー光ファイバの出力端から被測定光ファイバの終端までを示している．

① Aのみ正しい　② Bのみ正しい
③ AもBも正しい　④ AもBも正しくない

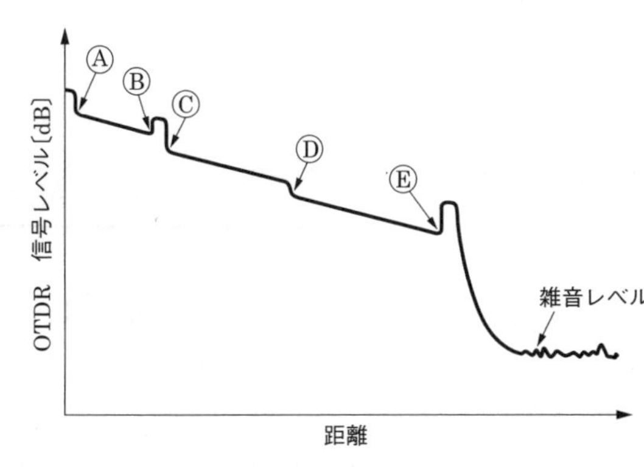

解説

・Aは正しい．ⒷとⒸの間の反射光が大きい部分は，ダミー光ファイバと被測定光ファイバを接続する光コネクタでのフレネル反射によるものです．

・この測定波形のⒹからⒺの区間は，被測定光ファイバの融着接続点から被測定光ファイバの終端までを示しています（Bは誤り）．Ⓓは，**融着接続による光の減衰**を示しています．融着接続とは，光ファイバのコア同士を精密に位置合せして，熱により溶かして接続する方法です．融着接続点では光の反射はなく，微量な光の損失のみ生じます．そのため，Ⓓで信号レベルの低下が見られます．

【解答　ウ：①（Aのみ正しい）】

4-3 LANの設計・工事と試験

問1　ギガビットイーサネット　【R1-2　第4問（3）】

1000BASE-TのLAN配線工事では，8心のカテゴリ5e以上のUTPケーブルの使用が推奨されており，データの送受信にはUTPケーブルの（ウ）が利用されている．

① ペア1と2の4心だけ　② ペア2と3の4心だけ
③ ペア3と4の4心だけ　④ ペア1と4の4心だけ
⑤ ペア1から4の8心全て

解説

1000BASE-TのLAN配線工事では，8心のカテゴリ5e以上のUTPケーブルの使用が推奨されており，データの送受信にはUTPケーブルの（ウ）ペア1から4の8心すべてが利用されています．

1000BASE-Tでは，**UTPケーブルの心線（8心）をすべて使用し，2心を1ペアとして各ペアで250〔Mbit/s〕の情報を両方向に伝送することにより，全体（4ペア）で両方向に1〔Gbit/s〕の伝送速度を実現しています**．各ペアで250〔Mbit/s〕の両方向全二重伝送を実現するために，**送信端と受信端でハイブリッド回路が使用されます**．ハイブリッド回路は，送信信号を送信方向だけに伝送するようにした回路です．

【解答　ウ：⑤（ペア1から4の8心すべて）】

問2　PoE　【H31-1　第4問（2）】

IEEE802.3at Type1に準拠したPoEでは，カテゴリ5のLANケーブルを使用して給電する場合，給電方式がオルタナティブBのとき，給電に使用するRJ-45のピン番号は（イ）である．

① 1，2，3，4　② 1，2，3，6　③ 3，4，5，6
④ 4，5，6，7　⑤ 4，5，7，8

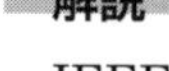

解説

IEEE802.3at Type1に準拠したPoE（Power over Ethernet）では，カテゴリ5のLANケーブルを使用して給電する場合，給電方式がオルタナティブBのとき，給電に使用するRJ-45のピン番号は(イ)4，5，7，8です．

IEEE802.3at Type1では，給電方式として，信号対（データ線）を使用して給電するオルタナティブAと予備対（空き対）で給電するオルタナティブBが規定されています．オルタナティブAで使用するピン番号は1，2，3，6で，オルタナティブBで使用するピン番号は上述のとおり4，5，7，8です．なお，IEEE802.3at Type1よりも大きな電力の給電を可能にした規格がIEEE802.3at Type2で，PoE＋（PoE Plus）と呼ばれます．IEEE802.3at Type2では，オルタナティブAおよびオルタナティブBの両方の結線を使って給電することもできます．

【解答　イ：⑤（4，5，7，8）】

給電に使用するRJ-45のピン番号を問う問題は，平成30年度第2回試験（本節問4）にも出題されています．また，本問題と同様の問題が平成28年度第2回試験に出題されています．

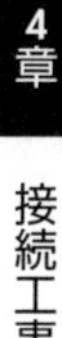

問3　LAN配線　【H30-2　第4問（2）】

光ファイバケーブルを用いたLAN配線について述べた次の二つの記述は，［（イ）］．

A　光ファイバケーブルをメカニカルスプライス接続及びコネクタ接続したLAN配線の許容回線損失値は，メカニカルスプライス接続損失の合計値とコネクタ接続損失の合計値とケーブル伝送損失との和で算出され，測定値が許容回線損失値を上回らなければその配線は良好であると判定することができる．

B　接続損失は光ファイバの接続方式により異なり，1箇所当たりの損失値を比較すると，一般に，メカニカルスプライス接続損失値はコネクタ接続損失値より大きい．

①　Aのみ正しい　②　Bのみ正しい
③　AもBも正しい　④　AもBも正しくない

解説

・A は正しい．光ファイバケーブルをメカニカルスプライス接続およびコネクタ接続した LAN 配線では，回線損失が発生する部分は，メカニカルスプライス接続部分，コネクタ接続部分およびケーブル部分となります．

・メカニカルスプライス接続は，専用工具を使って融着ではなく機械的に接続する方式で，1 箇所当たりの接続損失値は，メカニカルスプライス接続の方がコネクタ接続より小さい（B は誤り）．光ファイバの接続技術は，永久接続である融着接続およびメカニカルスプライス接続と，繰り返し着脱が可能なコネクタ接続に分類されます．メカニカルスプライス接続の方が永久接続で固定する分，コネクタ接続より接続損失値は小さくなります．

【解答　イ：①（A のみ正しい）】

本問題と同様の問題が平成 28 年度第 1 回試験に出題されています．

問 4　PoE　【H30-2　第 4 問（3）】

IEEE802.3at Type1 に準拠した PoE では，カテゴリ 5 の LAN ケーブルを使用して給電する場合，給電方式がオルタナティブ A のとき，給電に使用する RJ-45 のピン番号は［（ウ）］である．

① 1，2，3，4　② 1，2，3，6　③ 3，4，5，6
④ 4，5，6，7　⑤ 4，5，7，8

解説

IEEE802.3at Type1 に準拠した PoE では，カテゴリ 5 の LAN ケーブルを使用して給電する場合，給電方式がオルタナティブ A のとき，給電に使用する RJ-45 のピン番号は(ウ)1，2，3，6 です．

【解答　ウ：②（1，2，3，6）】

本問題と同様の問題が平成 29 年度第 2 回と平成 27 年度第 1 回の試験に出題されています．

問 5　平衡ケーブルを用いた LAN 配線　【H30-2　第 4 問（4）】

平衡ケーブルを用いた LAN 配線のフィールドテストなどについて述べた

次の記述のうち，正しいものは，[(エ)]である．

① 挿入損失は，対の遠端を短絡させ，対の近端にケーブルテスタを接続して測定した直流ループ抵抗により求められる．
② 電力和近端漏話減衰量は，任意の2対間において，1対を送信回線として，残りの1対を受信回線とし，送信回線の送信レベルを基準として，受信回線に漏れてくる近端側の受信レベルを測定することにより求められる．
③ 伝搬遅延時間差は，任意の1対において，信号の周波数の違いによる伝搬遅延時間を測定することにより求められる．
④ 反射減衰量は，入力信号の送信レベルを基準として，反射した信号レベルを測定することにより求められる．
⑤ ワイヤマップ試験は，高抵抗の接続を検出するために行う．

解説

・ケーブルテスタによる挿入損失の測定では，信号を発信する装置と，受信する装置それぞれをケーブルの両端に取り付けて，入力信号と出力信号の電力比により求めます（①は誤り）．
・静電結合および電磁結合によって一方の回線の信号が他の一方の回線に漏れる現象を漏話といい，漏話のうち，送信端側に現れる信号を近端漏話といい，受信端側に現れる信号を遠端漏話といいます．漏話は送信端側で大きくなるため，近端漏話の影響が問題になります．送信した信号の大きさと近端漏話の信号の大きさとの比が近端漏話減衰量です．電力和近端漏話減衰量は，すべての近端漏話発生源が同時に動作したときの漏話を加算（電力和）した大きさで，選択した受信回線以外の残りの全回線の送信レベルを基準として，選択した受信回線に漏れてくる近端側の受信レベルを測定することによって求められます（②は誤り）．
・伝搬遅延時間差は，任意の1対において，信号の周波数の違いによる位相差を測定することにより求められます（③は誤り）．
・④は正しい．
・ワイヤマップ試験は，ケーブル両端のピン同士の接続に誤りがないか検出するために行います．接続誤りとして対反転（Reversed Pair：リンクの一方

4章 接続工事の技術

の端でワイヤ対の極性が反転している場合)，対交差（Transposed Pairs：導線が他端の異なる対の位置に接続されている場合)，対分割（Split Pairs：物理的に対が分離している場合）などがあります（⑤は誤り).

【解答　エ：④（正しい)】

問 6	**PoE**	【H30-1　第 1 問（4)】

IEEE802.3at Type1 として標準化された PoE の規格では，電力クラス 0 の場合, PSE の 1 ポート当たり直流 44～57 ボルトの範囲で最大 （エ） を，PSE から PD に給電することができる．

① 30 ワットの電力　② 68.4 ワットの電力
③ 350 ミリアンペアの電流　④ 450 ミリアンペアの電流
⑤ 600 ミリアンペアの電流

解説

IEEE802.3at Type1 として標準化された PoE の規格では，電力クラス 0 の場合，PSE の 1 ポート当たり直流 44～57〔V〕の範囲で最大(エ)350〔mA〕の電流を，PSE から PD に給電することができます．

IEEE802.3at Type1 の規格の概要を下表に示します．IEEE802.3at Type1 では, 流れる電流量によって PD の電力クラスを 0 から 4 までの 5 段階で分類し，そのクラスに応じた電力を供給します．給電側の最大出力電力としては，クラス 0 および 3 では 15.4〔W〕（給電電圧 44～57〔V〕の範囲で最大 350〔mA〕）ですが，クラス 1 では 4〔W〕，クラス 2 では 7〔W〕となっています．

表　IEEE802.3at Type1 の規格の概要

給電側／受電側	給電側（PSE）	受電側（PD）
対応ケーブル	カテゴリ 3 以上（抵抗 20〔Ω〕以下）	
電　圧〔V〕	44～57	37～57
最大電流〔mA〕	350	
最大消費電力〔W〕	15.4	12.95

【解答　エ：③（350 ミリアンペアの電流)】

本問題と同様の問題が平成 29 年度第 1 回と平成 27 年度第 2 回の試験に出題されています．

問7 **RJ-45モジュラジャック** 【H30-1 第4問 (4)】

UTPケーブルをRJ-45のモジュラジャックに結線するとき，配線規格568Bでは，ピン番号8番には[(エ)]色の心線が接続される．

① 橙　② 青　③ 緑　④ 茶　⑤ 白

解説

LANケーブルにRJ-45を付けるときの色の順番は，米国TIA/EIAの規格で規定されています．色順の規格は，TIA/EIA-568-A（568A）とTIA/EIA-568-B（568B）の2種類があります．このうち，568Bでは，RJ-45のピン番号とそれに接続される心線の対応は次表のようになります．これより，ピン番号8番には(エ)茶色の心線が接続されます．

ピン1	ピン2	ピン3	ピン4	ピン5	ピン6	ピン7	ピン8
オレンジ・白	オレンジ	緑・白	青	青・白	緑	茶・白	茶

なお，568Aでは，RJ-45のピン番号と心線の対応は次表のようになります．

ピン1	ピン2	ピン3	ピン4	ピン5	ピン6	ピン7	ピン8
緑・白	緑	オレンジ・白	青	青・白	オレンジ	茶・白	茶

参考

ストレートケーブルでの配色は両端ともAタイプか，両端ともBタイプで成端される．また，クロスケーブルでは，両端で異なるタイプ（片方はAタイプで，もう一方がBタイプ）で成端される．

【解答　エ：④（茶）】

問8 **PoE** 【H29-2 第1問 (3)】

IEEE802.3at Type1又はType2として標準化されたPoE規格について述べた次の記述のうち，誤っているものは，[(ウ)]である．

① IEEE802.3atには，IEEE802.3afの規格がType1として含まれている．

② 10BASE-Tや100BASE-TXのLAN配線において空き対となって

いるペアを給電に使用する方式は，オルタナティブBといわれる．
③ Type1の規格では，PSEは直流44〜57ボルトの範囲で，1ポート当たり最大350ミリアンペアの電流をPDに給電することができる．
④ Type2の規格では，PSEは直流50〜57ボルトの範囲で，1ポート当たり最大80.0ワットの電力をPDに給電することができる．
⑤ Type2の規格で使用できるUTPケーブルには，カテゴリ5e以上の性能が求められる．

解説

・①は正しい．IEEE802.3afの規格は，IEEE802.3at Type1と呼ばれます．
・②は正しい．空き対となっているペアを給電に使用する方式はオルタナティブBといいます．一方，信号対を給電に使用する方式はオルタナティブAといいます．
・③は正しい（本節問6の解説を参照のこと）．
・Type2の規格では，PSEは直流50〜57〔V〕の範囲で，1ポート当たり最大34.2〔W〕の電力をPDに給電することができます（④は誤り）．
・⑤は正しい．Type2の規格の概要を下表に示します．

表 IEEE802.3at Type2の規格の概要

給電側／受電側	給電側（PSE）	受電側（PD）
対応ケーブル	カテゴリ5e以上（抵抗12.5〔Ω〕以下）	
電　圧〔V〕	50〜57	42.5〜57
最大電流〔mA〕	600	
最大消費電力〔W〕	34.2	25.5

【解答　ウ：④（誤り）】

問9　UTPケーブルの配線　【H29-2　第5問（2）】

UTPケーブルの配線は，一般に，ケーブルルートの変更などに伴うケーブル終端部の多少の延長・移動を想定して施工されるが，機器・パッチパネルが高密度で収納されるラック内などでは，小さな径のループ及び過剰なループ回数の余長処理を行うと，ケーブル間の同色対どうしにおいて

（イ）が発生し，トラブルの原因となるおそれがある．

① グランドループ　② ショートリンク
③ パーマネントリンク　④ マージナルパス
⑤ エイリアンクロストーク

解説

UTPケーブルの配線は，一般に，ケーブルルートの変更などに伴うケーブル終端部の多少の延長・移動を想定して施工されますが，機器・パッチパネルが高密度で収納されるラック内などでは，小さな径のループおよび過剰なループ回数の余長処理を行うと，ケーブル間の同色対どうしにおいて(イ)エイリアンクロストークが発生し，トラブルの原因となるおそれがあります．

エイリアンクロストークとは，ケーブルの外部から侵入するクロストークのことで，複数のLANケーブルを長い距離並行して敷設する場合や，ケーブルをループ状に巻いたりすると発生することがあります．ケーブルをループ状に巻くことは，原理的には長い距離を並行に敷設することと同じになるため，これを避けるにはループの直径を変化させます．

【解答　イ：⑤（エイリアンクロストーク）】

問10　ギガビットイーサネット　【H29-1　第4問（2）】

ギガビットイーサネットのLAN配線工事などについて述べた次の二つの記述は，（イ）．

A　1000BASE-TのLAN配線工事では，ケーブルは8心のUTPケーブルのカテゴリ5e以上を使用し，データの送受信はUTPケーブルのペア2と3の4心だけを使用して行われる．

B　1000BASE-TXのLAN配線工事では，ケーブルは8心のUTPケーブルのカテゴリ6以上を用いる必要がある．

① Aのみ正しい　② Bのみ正しい
③ AもBも正しい　④ AもBも正しくない

解説

POINT
1000BASE-T，1000BASE-TXとも心線（8心）をすべて使用する．ただし，UTPケーブルのカテゴリは1000BASE-Tが5e以上で，1000BASE-TXは6以上．

・1000BASE-TのLAN配線工事では，ケーブルは8心のUTPケーブルの**カテゴリ5e以上**を使用し，データの送受信はUTPケーブルの**心線（8心）をすべて使用**して行われます（Aは誤り）．

・Bは正しい．

1000BASE-Tでは，UTPケーブルの心線（8心）をすべて使用し，2心を1ペアとして各ペアで250〔Mbit/s〕の情報を両方向に伝送し，全体（4ペア）で1〔Gbit/s〕の速度を実現しています．一方，1000BASE-TXでは，4ペアのうち2ペアが送信に，2ペアが受信に使用され，1ペアで500〔Gbit/s〕，2ペアで1〔Gbit/s〕の情報が伝送されます．1000BASE-Tではカテゴリ5e以上のUTPケーブルを使用しますが，心線の1ペア当たりの伝送速度がより高い1000BASE-TXでは，より品質の高いカテゴリ6以上が使用されています．

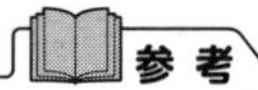

参考
1000BASE-TはIEEE802.3ab規格で，1000BASE-TXはANSI/TIA/EIA-854規格である．先に市場に出された1000BASE-Tの機器の方が広く使用されている．

【解答　イ：②（Bのみ正しい）】

問11	**PoE**	【H28-2　第1問（2)】

IEEE802.3at Type1として標準化されたPoEの機能などについて述べた次の二つの記述は，［（イ）］．

A　10BASE-Tや100BASE-TXのLAN配線において，予備対（空き対）を使用して給電する方式は，オルタナティブAといわれ，信号対を使用して給電する方式は，オルタナティブBといわれる．

B　給電側機器であるPSEは，一般に，受電側機器がPDといわれるPoE対応機器か，非対応機器かを検知して，対応機器にのみ給電する．そのため同一PSEに接続される機器の中にPoE対応機器と非対応機器の混在が可能となっている．

①　Aのみ正しい　　②　Bのみ正しい
③　AもBも正しい　　④　AもBも正しくない

解説

- 10BASE-Tや100BASE-TXのLAN配線において，予備対（空き対）を使用して給電する方式は，オルタナティブBで，信号対（データ線）を使用して給電する方式が，オルタナティブAです（Aは誤り）．
- Bは正しい．**PoE対応機器か非対応機器かの識別および供給すべき電力の大きさは，受電側機器（PD）に内蔵されている25〔kΩ〕の抵抗を使用して行います．**イーサネットに機器が接続されると，PSEは2.8〜10〔V〕の範囲で電圧を印加し電流を測定します．PDに内蔵されている25〔kΩ〕に対応する電流が検出されたとき，PSEはPDと判断します．次に，PSEは15.5〜20.5〔V〕の範囲の電圧を印加し，検出された電流値によってPDが属する消費電力クラスを識別します．

【解答　イ：②（Bのみ正しい）】

問12　pingコマンド　【H28-2　第2問（5）】

Windowsのコマンドプロンプトから入力されるpingコマンドは，［（オ）］を入力することにより，送信先のホストコンピュータがネットワークに正常に接続されていることを確認する場合などに用いられる．

① 送信元のMACアドレスと送信先のIPアドレス
② 送信元のIPアドレスと送信先のMACアドレス
③ 送信元のIPアドレスと送信先のIPアドレス
④ 送信先のIPアドレス
⑤ 送信先のMACアドレス

解説

pingコマンドは，送信相手までパケットが届くか，また通信ルートがどこまで正常か確認するために用いられます．pingコマンドでは，(オ)**送信先のIPアドレス**を入力することにより，送信先のホストコンピュータを指定します．MACアドレスは，転送するルータなどで，IPアドレスをもとにMACアドレスを求めるため，指定する必要はありません．

【解答　オ：④（送信先のIPアドレス）】

問 13	PoE	【H28-1　第 1 問 (2)】 ☑☑☑

IEEE802.3at Type1 及び Type2 として標準化された PoE 規格について述べた次の記述のうち，誤っているものは，[(イ)]である．

① IEEE802.3at には，IEEE802.3af の規格が Type1 として含まれている．
② Type2 の規格で使用できる UTP ケーブルには，カテゴリ 5e 以上の性能が求められる．
③ Type1 の規格では，PSE は直流 44～57 ボルトの範囲で，最大 350 ミリアンペアの電流を給電することができる．
④ Type2 の規格では，PSE は直流 50～57 ボルトの範囲で，最大 600 ミリアンペアの電流を給電することができる．
⑤ 10BASE-T や 100BASE-TX の LAN 配線において，空き対となっている 4 番，5 番のペアと 7 番，8 番のペアを給電に使用する方式は，オルタナティブ A といわれる．

解説

・①～④は正しい，Type1 の規格については，本節問 6，Type2 の規格については本節問 8 の解説を参照のこと．
・10BASE-T や 100BASE-TX の LAN 配線において，空き対（予備対）となっている 4 番，5 番のペアと 7 番，8 番のペアを給電に使用する方式は，オルタナティブ B といわれます（⑤は誤り．本節問 2 の解説を参照のこと）．

【解答　イ：⑤（誤り）】

覚えよう！
給電方式のオルタナティブ A とオルタナティブ B が多く出題されています．その意味と信号対，空き対で使用されるピンの番号を覚えておこう．

問 14	LAN ケーブルのカテゴリと伝送帯域	【H27-2　第 5 問 (1)】 ☑☑☑

ANSI/TIA/EIA-568-B.2-1 の平衡配線の性能規格における，カテゴリ 6 規格のコンポーネント及びシステムの伝送帯域は，[(ア)]メガヘルツまでの伝送性能を提供することができることと規定されている．

① 100　② 200　③ 250　④ 500　⑤ 600

解説

ANSI/TIA/EIA-568-B.2-1の平衡配線の性能規格における，カテゴリ6規格のコンポーネントおよびシステムの伝送帯域は，(ア)250〔MHz〕までの伝送性能を提供することができることと規定されています．

参考

LANケーブルのカテゴリと伝送帯域，適用可能なLAN規格と伝送速度の関係を次表に示す．なお，LAN規格は最上位の伝送速度の規格を記載している．

表　LANケーブルのカテゴリと伝送帯域

カテゴリ	伝送帯域	LAN規格	伝送速度
カテゴリ5	100〔MHz〕	100BASE-TX	100〔Mbit/s〕
カテゴリ5e	100〔MHz〕	1000BASE-T	1〔Gbit/s〕
カテゴリ6	250〔MHz〕	1000BASE-T 1000BASE-TX	1〔Gbit/s〕
カテゴリ6A	500〔MHz〕	10GBASE-T	10〔Gbit/s〕
カテゴリ7	600〔MHz〕	10GBASE-T	10〔Gbit/s〕

注1：10GBASE-Tに適用する場合，カテゴリ6Aとカテゴリ7では，適用可能な伝送距離が異なる（カテゴリ6Aでは100〔m〕以内）．

注2：カテゴリ6AまではUTPケーブルが適用されるが，カテゴリ7ではケーブル外装がシールド化されたSTPケーブルが適用される．

【解答　ア：③（250）】

問15　LANケーブルのカテゴリとフィールド試験器　【H27-2　第5問（2）】

ANSI/TIA/EIA-568-B.2-10の規格では，情報配線システムの工事完了時に実施するフィールドテストにおいて，カテゴリ6Aケーブル用の試験と認証には，[（イ）]以上に適合したフィールド試験器を用いることが推奨されている．

① 測定確度レベルⅡ　② 測定確度レベルⅡe

③ 測定確度レベルⅢ　④ 測定確度レベルⅢe

解説

ANSI/TIA/EIA-568-B.2-10 の規格では，情報配線システムの工事完了時に実施するフィールドテストにおいて，カテゴリ 6A ケーブル用の試験と認証には，(イ)測定確度レベルⅢe 以上に適合したフィールド試験器を用いることが推奨されています．

フィールドテストでは，正確な測定を行う上で，誤差の小さい良い品質のテスタ（試験器）が推奨され，測定誤差の量により測定確度レベルが定義されています．LAN ケーブルのカテゴリと測定確度レベルの対応を下表に示します．

表　LAN ケーブルのカテゴリと測定確度レベル

ケーブルのカテゴリ	測定確度レベル
カテゴリ 5	レベルⅡ
カテゴリ 5e	レベルⅡe
カテゴリ 6	レベルⅢ
カテゴリ 6A	レベルⅢe

【解答　イ：④（測定確度レベルⅢe）】

問 16	PoE	【H27-1　第 1 問（2）】

IEEE802.3at Type2 として標準化された，一般に，PoE Plus といわれる規格では，PSE の 1 ポート当たり，直流 50～57 ボルトの範囲で最大 （イ） を，PSE から PD に給電することができる．

① 15.4 ワットの電力　② 68.4 ワットの電力
③ 350 ミリアンペアの電流　④ 450 ミリアンペアの電流
⑤ 600 ミリアンペアの電流

解説

IEEE802.3at Type2 として標準化された，一般に，PoE Plus といわれる規格では，PSE の 1 ポート当たり，直流 50～57〔V〕の範囲で最大(イ)600〔mA〕の電流を，PSE から PD に給電することができます．

IEEE802.3at Type2 の規格の概要は，本節問 8 の解説を参照のこと．

【解答　イ：⑤（600 ミリアンペアの電流）】

問 17 **平衡配線の性能規格** 【H27-1 第5問 (1)】

ANSI/TIA/EIA-568-B.2-10の平衡配線の性能規格におけるカテゴリ6A規格のコンポーネント及びシステムの伝送帯域は，［（ア）］メガヘルツまでの伝送性能を提供することができることと規定されている．

① 100　② 150　③ 200　④ 250　⑤ 500

解説

ANSI/TIA/EIA-568-B.2-10の平衡配線の性能規格におけるカテゴリ6A規格のコンポーネントおよびシステムの伝送帯域は，(ア)500〔MHz〕までの伝送性能を提供することができることと規定されています．

平衡配線の性能規格におけるカテゴリと伝送帯域の関係は，本節問14の解説の表を参照のこと．

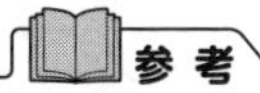

参考

カテゴリ6Aは10GBASE-TのLANで使用され，500〔MHz〕の帯域により1対の線で2.5〔Gbit/s〕，4対の線とハイブリッド回路を使用して10〔Gbit/s〕の両方向同時伝送を実現している．

【解答 ア：⑤（500)】

問 18 **フィールド試験器** 【H27-1 第5問 (2)】

ANSI/TIA/EIA-568-B.2-1の規格では，情報配線システム工事完了時に実施するフィールドテストにおいて，カテゴリ6ケーブル用の試験と認証には，［（イ）］以上に適合したフィールド試験器を用いることが推奨されている．

① 測定確度レベルⅠ　② 測定確度レベルⅡ
③ 測定確度レベルⅡe　④ 測定確度レベルⅢ

解説

ANSI/TIA/EIA-568-B.2-1の規格では，情報配線システム工事完了時に実施するフィールドテストにおいて，カテゴリ6ケーブル用の試験と認証には，(イ)測定確度レベルⅢ以上に適合したフィールド試験器を用いることが推奨されています．

LAN ケーブルのカテゴリと測定確度レベルの関係は本節問 15 の解説を参照のこと．

【解答　イ：④（測定確度レベルⅢ）】

［コラム］PoE 規格についての補足

イーサネットのケーブルを介して電力を供給する PoE の規格について補足説明します．本節問 6 で IEEE802.3at Type1 を，問 8 で IEEE802.3at Type2 を説明しました．これらの解説に記載した規格の概要を一つの表にまとめ，比較します．

表 1　PoE の規格の種類と概要

規　格	IEEE802.3at Type1		IEEE802.3at Type2	
別名	PoE		PoE Plus（PoE＋）	
給電／受電側	給電側（PSE）	受電側（PD）	給電側（PSE）	受電側（PD）
対応ケーブル	カテゴリ 3 以上（抵抗 20〔Ω〕以下）		カテゴリ 5e 以上（抵抗 12.5〔Ω〕以下）	
電圧	44～57〔V〕	37～57〔V〕	50～57〔V〕	42.5～57〔V〕
最大電流	350〔mA〕		600〔mA〕	
最大消費電力	15.4〔W〕	12.95〔W〕	34.2〔W〕	25.5〔W〕

PoE では受電機器によって必要な電力が異なるため，供給可能な電力を示す電力クラスが規定されています．下表に電力クラスと供給可能電力を示します．給電機器（PSE）は，受電機器（PD）の電力クラス 1～4 に応じて供給する電力の量を自動的に調整します．なお，給電機器には電力クラスをサポートしていない機器があるため，クラス 0 をデフォルトのクラスとしています．

表 2　電力クラスごとの供給可能な電力

電力クラス	給電側の出力電力	受電側の入力電力	規　格
クラス 0	15.4〔W〕	0.44～12.95〔W〕	IEEE802.3at Type1
クラス 1	4.0〔W〕	0.44～3.84〔W〕	
クラス 2	7.0〔W〕	3.84～6.49〔W〕	
クラス 3	15.4〔W〕	6.49～12.95〔W〕	
クラス 4	30〔W〕	12.95～25.5〔W〕	IEEE802.3at Type2

4-4 IP-PBX, IP ボタン電話装置の設計・工事と試験

問 1 **SIP サーバ機能**

ある IP-PBX に収容されていた IP 電話機を別のロケーションの IP-PBX に収容替えする．その後，他の IP 電話機から移動した IP 電話機に電話をかけた場合に，IP-PBX の［（ア）］機能によって発信元に移動先が通知され，発信元が再発信することにより，移動先の IP 電話機と正常に接続されることを確認する．

① プロキシサーバ　② リダイレクトサーバ
③ レジストラ　④ ロケーションサーバ

解説

宛先の IP 電話機が別の IP-PBX に移動した場合に，**発信元**の IP 電話機に転送先を通知する SIP サーバは(ア)リダイレクトサーバです．なお，プロキシサーバは，IP 電話機からの発呼要求などのメッセージを宛先に転送しますが，宛先が移動した場合，移動先の通知は行いません．各種 SIP サーバの機能は 1-2 節問 6 を参照．

【解答　ア：②（リダイレクトサーバ)】

問 2 **PBX 機能**

着信通話中の内線に外線着信があると，着信通知音が聞こえ，フッキング操作などにより，その着信呼との通話が可能となり，通話中であった呼は保留状態になることを確認する．さらに，フッキング操作などを行うたびに通話呼と保留呼を交互に入れ替えて通話できることを確認する試験は，［（イ）］試験である．

① コールトランスファ　② 内線キャンプオン
③ コールウェイティング　④ コールハンティング

解説

(イ)コールウェイティング機能により，通話中に別の電話の着信があった場合に，通話中の相手を一時的に待たせて別の電話機の着信を受けることができます．

【解答　イ：③（コールウェイティング）】

問3	PBX機能

PBX機能について述べた次の二つの記述は，［（ウ）］．

A　コールパーク試験では，あらかじめ設定しておいたグループ内のある内線番号への着信時に，グループ内の他の内線から，特殊番号をダイヤルするなど所定の操作を行うことにより，当該着信呼に応答できることを確認する．

B　コールピックアップ試験では，自席の内線電話機で，通話中の相手を一時保留するためのフッキング操作の後にコールパーク用のアクセスコードをダイヤルし，次に，離れたところの別席の内線電話機からアクセスコードと自席の内線番号をダイヤルすることにより，保留されていた相手と再度通話することができることを確認する．

①　Aのみ正しい　　②　Bのみ正しい
③　AもBも正しい　　④　AもBも正しくない

解説

・設問のAはコールピックアップ試験の説明です（Aは誤り）．コールピックアップ機能は，グループ内の内線端末間で，ある電話機にかかってきた呼出中の呼を他の内線端末が代理で応答できるようにする機能です．

・設問のBはコールパーク試験の説明です（Bは誤り）．コールパーク機能は，グループ内の内線端末間で，保留中の呼を他の内線端末で応答できるようにする機能です．

【解答　ウ：④（AもBも正しくない）】

5章 工事の設計管理・施工管理・安全管理

本章の出題項目

5-1 安全管理
5-2 施工管理
5-3 アローダイアグラム
5-4 その他の工程管理用図表

5-1 安全管理

問1　職場の安全活動

5S活動のうち，必要なものを，決められた場所に，決められた量だけ，いつでも使える状態に，容易に取り出せるようにしておくことを［（ア）］という．

①　整理　　②　整頓　　③　清掃　　④　清潔　　⑤　躾

解説

必要なものを，決められた場所に，決められた量だけ，いつでも使える状態に，容易に取り出せるようにしておくことは(ア)整頓です．なお，整理とは「必要なものと不要なものを区分し，不要，不急なものを取り除くこと」です．

【解答　ア：②（整頓）】

問2　危険予知訓練（KYT）

事故や災害を未然に防ぐことを目的に，作業に潜む危険を予想して作業者間で指摘し合う訓練で用いられる4ラウンド法は［（イ）］の順に実施される．

①　本質追究→現状把握→目標設定→対策樹立
②　現状把握→本質追究→対策樹立→目標設定
③　目標設定→現状把握→本質追究→対策樹立
④　現状把握→本質追究→目標設定→対策樹立

解説

4ラウンド法は(イ)現状把握→本質追究→対策樹立→目標設定の順に実施されます．「**現状把握**」は，どんな危険が潜んでいるか問題点を指摘させること，「**本質追究**」は，指摘事項が一通り出そろったところで問題点を整理させること，「**対策樹立**」は，整理した問題点について改善策，解決策を挙げさせること，「**目標設定**」は，出てきた解決策についてメンバー間で討議，合意の上まとめさせることです．

【解答　イ：②（現状把握→本質追究→対策樹立→目標設定）】

5-2 施工管理

問 1	施工管理の概要	【R1-2 第 5 問 (4)】

施工管理の概要について述べた次の二つの記述は，[(エ)].

A 施工管理の一環として実施される品質管理，原価管理，安全管理などは，それぞれ独立した個別のものであり，相互に関連性を持たないものである.

B 当初に計画した工程と実際に進行している工程とを比較検討し，進捗に差異が生じてきているとき，その原因を調査し，取り除くことにより工事が計画どおりの工程で進行するように管理し，調整を図ることは，出来形管理といわれる.

① Aのみ正しい ② Bのみ正しい
③ AもBも正しい ④ AもBも正しくない

解説

・施工管理とは，工事施工に先立って，契約条件に基づき設計図書どおりの工事目的物を工期内に，経済的にかつ安全に施工するため最善の方法（労働力・資材・施工方法・機械・資金などの手段）を検討し，策定した施工計画書に基づいて，工事の計画および管理を行うことで，①工程管理，②出来形管理，③品質管理，④原価管理，⑤安全管理が含まれ，これらが相互に関連します（A は誤り）.

・当初に計画した工程と実際に進行している工程とを比較検討し，進捗に差異が生じてきているとき，その原因を調査し，取り除くことにより工事が計画どおりの工程で進行するように管理し，調整を図ることは，**工程管理**といわれます．**出来形管理**とは，施工された構造物が発注者の意図する規格基準に対して，どの程度の精度で施工されたか，その施工技術の度合を管理することです（B は誤り）.

品質管理とは，設計図書に示された品質規格を十分に満足するような構造物を造るために，「品質管理基準」に基づいて，問題点や改善の方法を見出し，良好な品質を確保するように管理をすること．**原価管理**とは，受注者が工事原価の低減を目的として，実行予算書作成時に算定した予定原価と，すでに発生した実際原価を対比し，工事が予定原価を超えることなく進むように管理すること．**安全管理**とは，安全に施工できる体制や環境を計画し整備すること，および状況変化に対して，的確に対応することで，適正な工期，工法，費用のもとに土木工事の安全を確保することです．

【解答　エ：④（AもBも正しくない）】

問2　**施工出来高と工事原価**　【H31-1　第5問（4）】

図は，一般的な施工出来高と工事原価の関係を示したものである．三角形OPR内の領域を示すαと，三角形PQS内の領域を示すβについて述べた次の記述のうち，正しいものは，［（エ）］である．ここで，工事原価Yは固定費Fと変動費aXの和で示され，aは係数とする．また，P点は工事原価と施工出来高が等しくなる直線OQと$Y=F+aX$で表される直線との交点を示し，X_pはP点での施工出来高を示す．

① αは利益が発生する範囲を示しており，βは損失が発生する範囲を示している．

② αは損失が発生する範囲を示しており，βは利益が発生する範囲を示している．

③ α，βとも損失が発生する範囲を示している．

④ α，βとも利益が発生する範囲を示している．

⑤ α，βとも収支の差がゼロの範囲を示している．

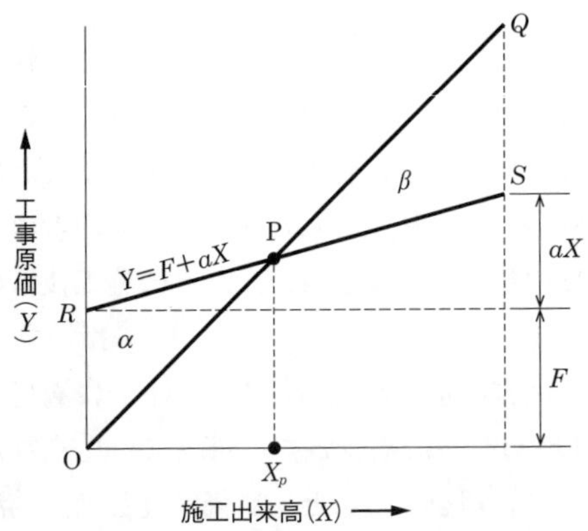

解説

施工出来高と工事原価の関係を示した設問の図で，三角形OPR内の領域を示すαは，施工出来高が工事原価を下回っていて，損失が発生している範囲です．三角形PQS内の領域βは，施工出来高が工事原価を上回っていて，利益が発生している範囲です．よって，正しいものは，「(エ)αは損失が発生する範囲を示しており，βは利益が発生する範囲を示している.」です．

【解答　エ：②（αは損失が発生する範囲を示しており，βは利益が発生する範囲を示している.）】

問 3　施工管理　【H30-2　第5問（4）】☑☑☑

施工管理の概要について述べた次の二つの記述は，［（エ）］.

A　施工計画書は，工事目的物を完成するために必要な手順，工法などを記載したものであり，工事の受注者が工事着手前に作成し，工事の発注者の監督員などに提出するものである.

B　工事の施工に当たり，工程と品質との関係では，一般に，突貫工事により施工速度を速めるほど品質は良くなる.

①　Aのみ正しい　　②　Bのみ正しい
③　AもBも正しい　④　AもBも正しくない

解説

・Aは正しい.

・工事の施工に当たり，工程と品質との関係では，一般に，突貫工事により施工速度を速めるほど品質は悪くなります（Bは誤り）．なお，工程と原価（費用）の関係では，一般に，突貫工事により施工速度を速めるほど，原価は増加します.

【解答　エ：①（Aのみ正しい）】

問 4　施工速度　【H29-2　第5問（4）】☑☑☑

図は，間接費，直接費及び総費用を表す一般的な工期・建設費曲線を示したものである．図について述べた次の記述のうち，正しいものは，［（エ）］

5章　工事の設計管理・施工管理・安全管理

である．

① A 曲線は間接費を表し，間接費は，一般に，施工速度を速くして工期を短縮するほど増加する．

② B 曲線は直接費を表し，直接費は，一般に，施工速度を遅くして工期を延長するほど増加する．

③ C 曲線は直接費と間接費を合計した総費用を表し，総費用が最小となる D 点における工期は，最適工期を示す．

④ クラッシュタイムは，直接費を大幅に増やせば更に短縮することができる．

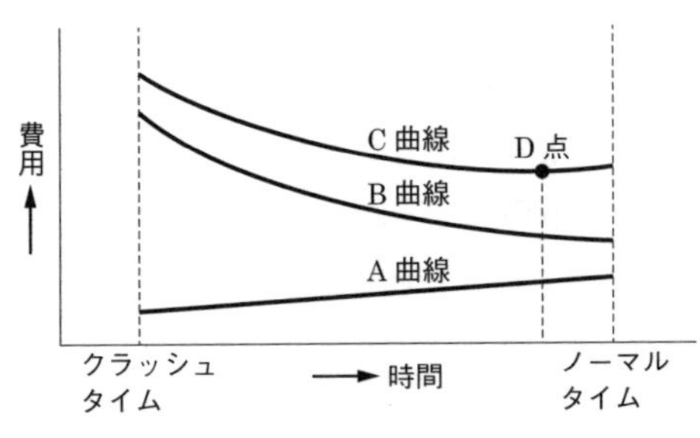

解説

設問の図で，A 曲線は間接費，B 曲線は直接費，C 曲線は直接費と間接費を足し合わせた総費用です．**直接費**は直接かかる費用で，材料費，労務費，水道光熱費などの直接経費が該当します．**間接費**は現場管理費や共通仮設費が該当します．

・A 曲線は間接費を表し，間接費に含まれる現場管理費は工期に比例して増加するため，施工速度を速くして工期を短縮するほど，間接費は減少します（①は誤り）．

・B 曲線は直接費を表し，施工速度を速くして短期に工事を終わらせようとするとより多くの人が必要になるため，直接費に含まれる労務費は増加します．このため，直接費は，一般に，施工速度を速くして工期を短縮するほど増加します（②は誤り）．

設問の図で，ノーマルタイムとは，直接費が最小となるときの作業時間です．

・③は正しい．総費用が最小となる工期が最適工期です．

・**クラッシュタイム**とは，工期を極限まで短縮させたときの作業時間です．直接費を増やしてもクラッシュタイムより短く工期を短縮することはできません（④は誤り）．

【解答　エ：③（正しい）】

覚えよう！
本問題に関わる直接費，間接費，総費用，最適工期，クラッシュタイム，ノーマルタイムの意味を覚えておこう．

問 5　PDCAサイクル　【H29-1　第5問（4）】

図に示す，JIS Q 9024:2003 マネジメントシステムのパフォーマンス改善―継続的改善の手順及び技法の指針における問題解決及び課題達成のプロセスについて述べた次の二つの記述は，［（エ）］．

A　PDCAのサイクルを回す手順としてⒶに入るプロセスは，要因解析である．

B　プロセスの一つであるテーマ選定では，顧客の要求や組織の目標を重視すること，テーマの範囲を具体的で管理可能なものとすることなどを考慮するとよい．

①　Aのみ正しい　　②　Bのみ正しい
③　AもBも正しい　　④　AもBも正しくない

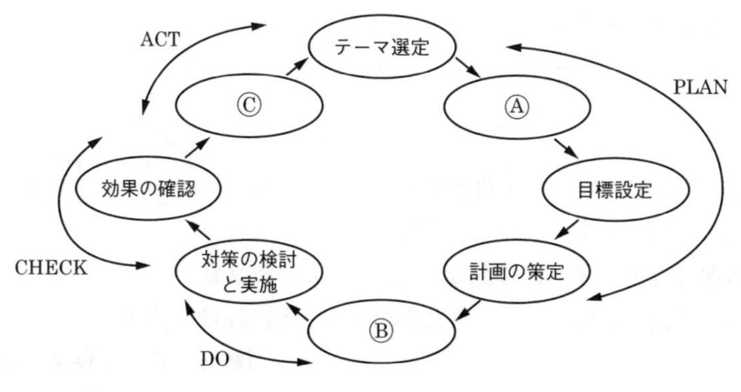

解説

・PDCA のサイクルを回す手順としてⒶに入るプロセスは,「現状把握」です.Ⓑに入るプロセスが「要因解析」で,Ⓒに入るプロセスが「標準化と管理の定着」です(JIS Q 9024:2003 の「図 1 問題解決および課題達成のプロセス」より,A は誤り).

・B は正しい.テーマ選定で考慮すべきこととして,顧客の要求や組織の目標を重視すること,テーマの範囲を具体的で管理可能なものとすること,トップマネジメントが関与しコミットメントすること,網羅的な取組みを避け無理のない項目数とすることが挙げられています.

【解答　エ:②(B のみ正しい)】

問 6	施工管理の概要	【H28-2　第 5 問(4)】

施工管理の概要について述べた次の二つの記述は,［　(エ)　］.

A　設計図書どおりの工事目的物を工期内に,経済的に,かつ,安全に施工するため最善の方法を検討し,策定された施工計画書に基づき行われる工事の工程管理,出来形管理,品質管理などを総称して,一般に,施工管理という.

B　工事の施工に当たり,工程と品質との関係では,一般に,突貫工事により施工速度を速めるほど品質は良くなる.

①　A のみ正しい　　②　B のみ正しい
③　A も B も正しい　　④　A も B も正しくない

解説

・A は正しい.

・工事の施工に当たり,工程と品質との関係では,一般に,突貫工事により施工速度を速めるほど品質は悪くなります(B は誤り).なお,工程と原価(費用)の関係では,一般に,突貫工事により施工速度を速めるほど,原価は増加します.

【解答　エ:①(A のみ正しい)】

設問 B は平成 30 年度第 2 回試験でも出題されています(本節問 3 参照).

問 7　施工速度　【H27-2　第 5 問 (4)】

図に示す，間接費，直接費及び総費用を表す一般的な工期・建設費曲線について述べた次の記述のうち，誤っているものは，［（エ）］である．

① A 曲線は間接費を表し，間接費は，一般に，施工速度を遅くして工期を延長するほど増加する．

② B 曲線は直接費を表し，直接費は，一般に，施工速度を速くして工期を短縮するほど増加する．

③ C 曲線は間接費と直接費を合計した総費用を表し，総費用が最小となる D 点における工期は，最適工期を示す．

④ クラッシュタイムは，直接費を大幅に増やせば更に短縮が可能である．

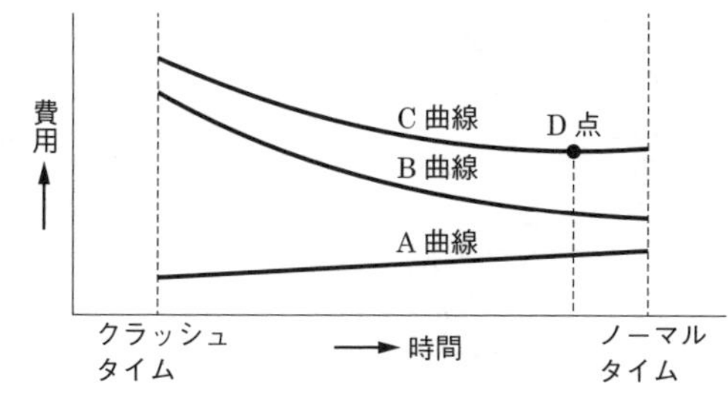

解説

・①～③は正しい．直接費は直接かかる費用で，材料費，労務費，水道光熱費などの直接経費が該当します．間接費は現場管理費や共通仮設費が該当します．

・クラッシュタイムとは，工期を極限まで短縮させたときの作業時間です．直接費を増やしてもクラッシュタイムより短く工期を短縮することはできません（④は誤り）．

類似問題の本節問 4 の解説を参照．

【解答　エ：④（誤り）】

問8　PDCA サイクル　【H27-1　第5問 (4)】

図に示す JIS Q 9024:2003 マネジメントシステムのパフォーマンス改善―継続的改善の手順及び技法の指針における問題解決及び課題達成のプロセスについて述べた次の二つの記述は，［　(エ)　］．

A　PDCA のサイクルを回す手順としてⒷに入るプロセスは，現状把握である．

B　図2に示す手順は循環型であり，PDCA，CAPD など，P，D，C 及び A のどこから始めてもよい．

①　A のみ正しい	②　B のみ正しい
③　A も B も正しい	④　A も B も正しくない

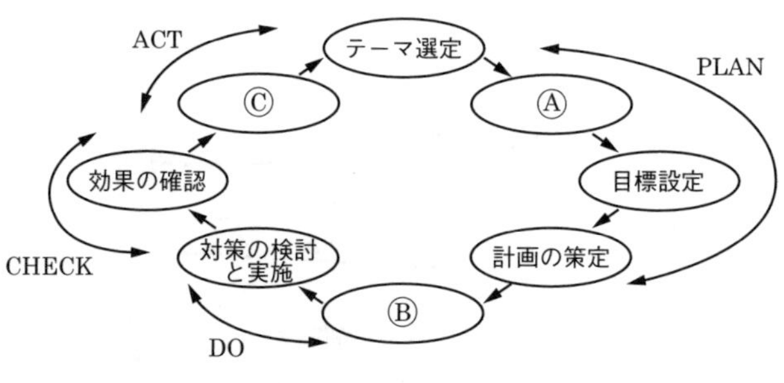

解説

・PDCA のサイクルを回す手順としてⒷに入るプロセスは「**要因解析**」です（A は誤り）．Ⓐに入るプロセスが「**現状把握**」で，Ⓒに入るプロセスが「**標準化と管理の定着**」です（JIS Q 9024:2003 の「図1 問題解決及び課題達成のプロセス」より）．

・B は正しい．

【解答　エ：②（B のみ正しい）】

5-3 アローダイアグラム

問1　許容できる作業遅れ日数　【R1-2　第5問（5）】

図に示す，工程管理などに用いられるアローダイアグラムにおいて，クリティカルパスの所要日数に影響を及ぼさないことを条件とした場合，作業Eの作業遅れは，最大［（オ）］日許容できる．

①　1　　②　2　　③　3　　④　4　　⑤　5

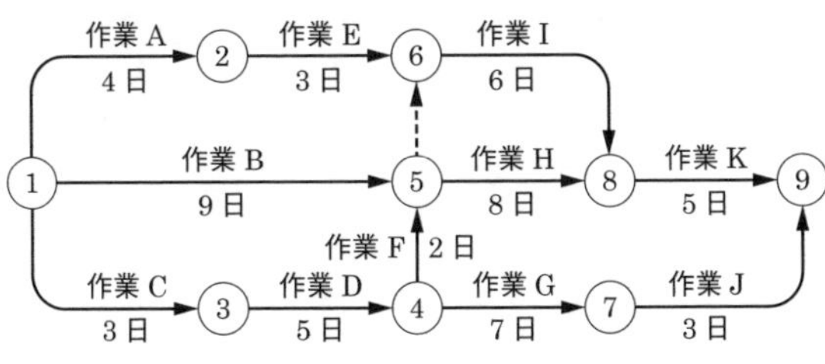

解説

設問の図のアローダイアグラムのクリティカルパスは，①→③→④→⑤→⑧→⑨で，所要日数は23日です．この場合，クリティカルパス上にある結合点⑧における開始時刻は18日であるため，結合点⑥における最遅結合点時刻は，18日－作業Iの作業時間＝18－6＝12日となります．また，作業Eは作業Aの終了後，作業を開始できるため，作業Eの許容できる作業遅れは，結合点⑥における最遅結合点時刻と作業Aの日数の差から，作業Eの日数を引いた日数，12－4－3＝5日で，最大（オ）5日許容することができます．

【解答　オ：⑤（5）】

問2　アローダイアグラムのパラメータ　【H30-2　第5問（5）】

図に示すアローダイアグラムについて述べた次の記述のうち，正しいものは，［（オ）］である．

5章　工事の設計管理・施工管理・安全管理

① クリティカルパスの所要日数は16日である．

② 結合点（イベント）番号3における最早結合点時刻（日数）は10日である．

③ 結合点（イベント）番号4における最遅結合点時刻（日数）は8日である．

④ 作業Dのフリーフロートは2日である．

⑤ 作業Gを2日短縮できると，全体の工期は2日短縮できる．

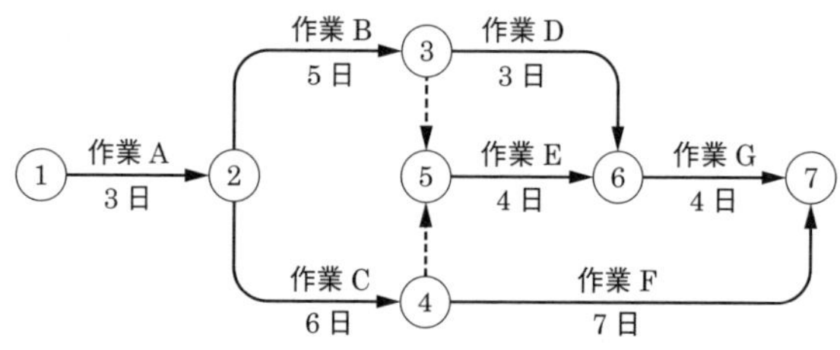

解説

・クリティカルパスは，①→②→④→⑤→⑥→⑦の経路で，所要日数は17日です（①は誤り）．

・最早結合点時刻とは，最も早く作業を開始できる日数のことで，結合点（イベント）番号3（図中③）における最早結合点時刻（日数）は，作業A（3日）と作業B（5日）が終了する8日です（②は誤り）．

・最遅結合点時刻とは，最も遅く作業を開始できる日数のことで，結合点（イベント）番号4（図中④）における最遅結合点時刻（日数）は，作業A（3日）と作業C（6日）が終了する9日です（③は誤り）．

・作業Dのフリーフロート（余裕日数）は，次式となります．

結合点番号6における最遅結合点時刻（13日）－結合点番号3における最早結合点時刻（8日）－作業Dの日数（3日）＝13－8－3＝2日（④は正しい）．

・作業Gを2日短縮した場合，短縮前のクリティカルパス，①→②→④→⑤→⑥→⑦の経路の所要日数は2日減少し15日になるが，①→②→④→⑦の経路の所要日数は16日のまま（これが新たなクリティカルパスとなる）で，全体の工期は1日短縮できます（⑤は誤り）.

【解答　オ：④（正しい）】

問3　クリティカルパスの所要日数　【H30-1　第5問（5）】

図に示すアローダイアグラムについて述べた次の記述のうち，正しいものは，（オ）である.

① ダミー作業がない場合，クリティカルパスの所要日数は1日短縮できる.
② 作業Aを1日短縮できれば，クリティカルパスの所要日数は1日短縮できる.
③ 作業Bを1日短縮できれば，クリティカルパスの所要日数は1日短縮できる.
④ 作業Gが1日遅れると，クリティカルパスの所要日数は1日延びる.
⑤ 作業Fが1日遅れると，クリティカルパスの所要日数は1日延びる.

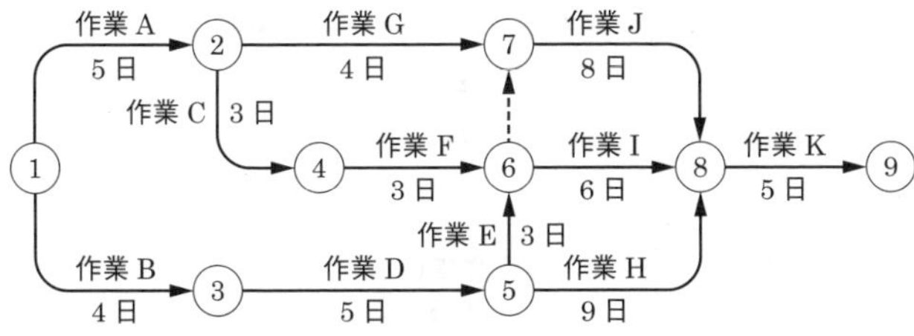

解説

・設問の図で，クリティカルパスは，①→③→⑤→⑥→⑦→⑧→⑨で，所要日数は25日です．破線矢印で示したダミー作業がない場合，クリティカルパスは，①→③→⑤→⑥→⑧→⑨，および①→③→⑤→⑧→⑨となり，ともに所要日数は23日であるため，2日短縮できます（①は誤り）.

・作業Aは，クリティカルパス上にないため，作業Aを短縮しても，クリティカルパスの所要日数は変わりません（②は誤り）.

・③は正しい．作業Bはクリティカルパスに含まれるため，作業Bを1日短縮することにより，クリティカルパスの所要日数は1日短縮できます．

・作業Gはクリティカルパス上になく，作業Gが1日遅れても，結合点⑦での最早結合点時刻は12日のままで変わらないため，クリティカルパスの所要日数は変わりません（④は誤り）．

・作業Fはクリティカルパス上になく，作業Fが1日遅れても，結合点⑥での最早結合点時刻は12日のままで変わらないため，クリティカルパスの所要日数は変わりません（⑤は誤り）．

【解答　オ：③（正しい）】

問4　許容できる作業遅れ日数　【H29-2　第5問（5）】

図に示すアローダイアグラムにおいて，クリティカルパスの所要日数に影響を及ぼさないことを条件とした場合，作業Dの作業遅れは，最大［（オ）］日許容することができる．

① 1　② 2　③ 3　④ 4　⑤ 5

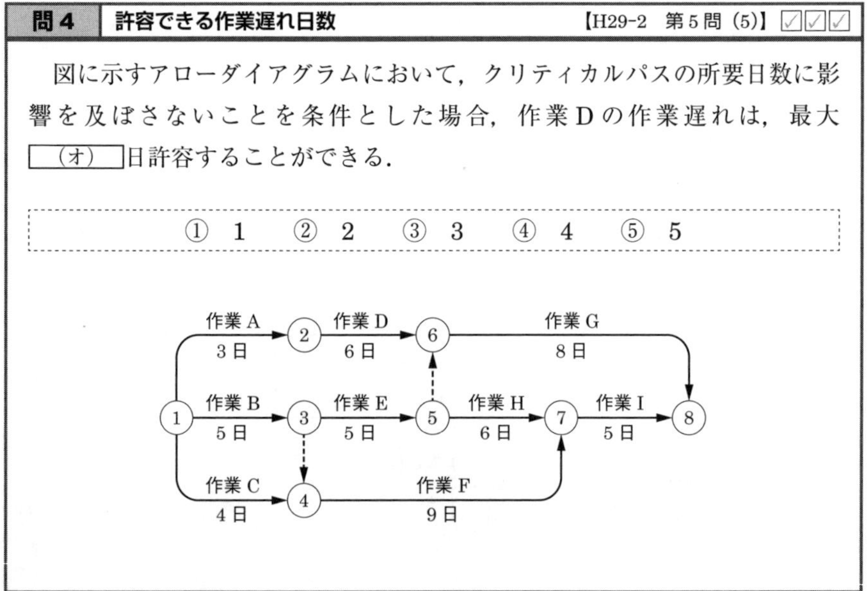

解説

設問の図のアローダイアグラムのクリティカルパスは，①→③→⑤→⑦→⑧で，所要日数は21日です．所要日数が21日のとき，作業Gの日数が8日であるため，作業Gが始まる結合点⑥における最遅結合点時刻は21－8＝13日で，プロジェクトの開始から13日までに作業すればよいことになります．一方，結合点②における最早結合点時刻（最も早く作業を開始できる日数）は，3日であるため，作業Dの作業遅れは，結合点⑥における最遅結合点時刻と結合点②における最早結合点時刻の差から作業Dの日数を引いた日数，13－3－6＝4日で，最大

(オ)4日許容することができます．

【解答　オ：④（4)】

問5　**全体の工期**　【H29-1　第5問（5)】

図に示すアローダイアグラムについて述べた次の記述のうち，正しいものは，（オ）である．

① 作業日数がゼロである二つのダミーはないものとしても，全体の工期に影響はない．
② 作業Bが1日遅れると，全体の工期は1日遅れる．
③ 作業Cが1日遅れると，全体の工期は1日遅れる．
④ 作業Eを1日短縮できると，全体の工期は1日短縮できる．
⑤ 作業Fを1日短縮できると，全体の工期は1日短縮できる．

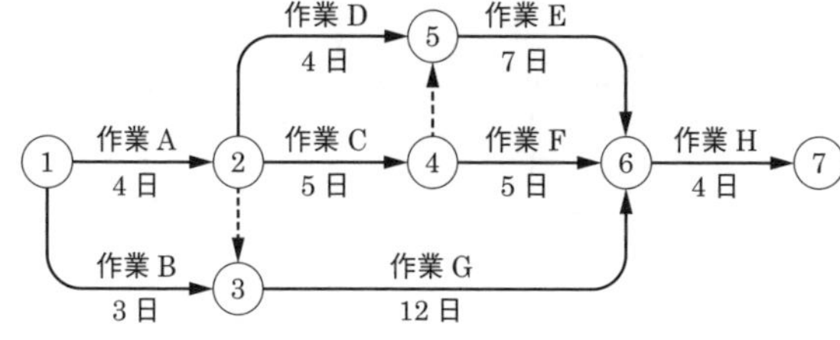

解説

・設問の図のアローダイアグラムで，クリティカルパスは，①→②→④→⑤→⑥→⑦と，①→②→③→⑥→⑦であり，ともにダミーパスを含み，所要日数は20日です．ダミーパスがなくなると，クリティカルパスは，①→②→⑤→⑥→⑦と①→③→⑥→⑦で所要日数は19日となります．よって，ダミーパスをなくすると，全体の工期（所要日数）は1日減ります（①は誤り）．

・設問の図のアローダイアグラムで，作業Bはクリティカルパスに含まれないため，作業Bが1日遅れても，全体の工期は変わりません（②は誤り）．

・作業Cはクリティカルパスに含まれるため，作業Cが1日遅れると，クリティカルパスは，①→②→④→⑤→⑥→⑦で，所要日数は21日となり，全体の工期は1日遅れます（③は正しい）.

・作業Eを短縮しても，もう一つのクリティカルパス①→②→③→⑥→⑦の所要日数は変わらないため，全体の工期も変わりません（④は誤り）.

・設問の図のアローダイアグラムで，作業Fはクリティカルパスに含まれないため，作業Fが1日遅れても，全体の工期は変わりません（⑤は誤り）.

【解答　オ：③（正しい）】

問6　全体の工期　【H28-2　第5問（5）】

図に示すアローダイアグラムにおいて，作業Bを2日，作業Iを3日それぞれ短縮すると，全体工期は，[（オ）]日短縮できる.

①　1　　②　2　　③　3　　④　4　　⑤　5

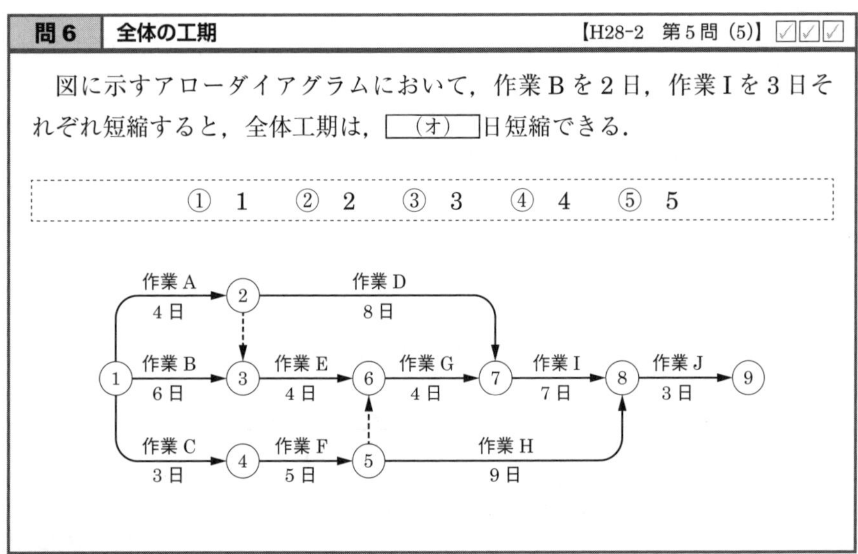

解説

設問の図のクリティカルパスは①→③→⑥→⑦→⑧→⑨で，所要日数（全体工期）は24日です．作業Bを2日，作業Iを3日それぞれ短縮すると，このパスの所要日数は19日になり，別のパス①→④→⑤→⑧→⑨がクリティカルパスになります．この所要日数は20日ですので，全体工期は24－20＝4日（④）短縮できます.

【解答　オ：④（4）】

問7　所要日数と余裕日数　【H28-1　第5問（5）】

図に示すアローダイアグラムについて述べた次の二つの記述は，[（オ）].

A　クリティカルパスの所要日数は 20 日である．
B　作業 D のトータルフロートは 3 日である．

①　A のみ正しい　　②　B のみ正しい
③　A も B も正しい　　④　A も B も正しくない

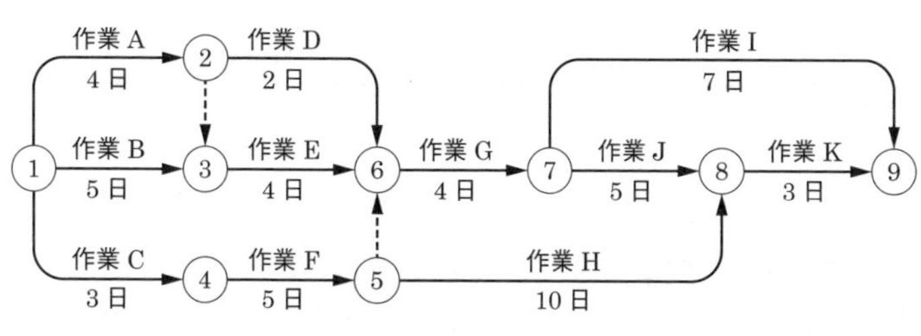

解説

・クリティカルパスは，①→③→⑥→⑦→⑧→⑨と①→④→⑤→⑧→⑨で，ともに所要日数は 21 日です（A は誤り）．
・トータルフロートとは全余裕日数のことで，作業 D のトータルフロートは次式で求められます．

結合点⑥における最遅結合点時刻－結合点②における最早結合点時刻－作業 D の日数＝9－4－2＝3 日（B は正しい）．

【解答　オ：②（B のみ正しい）】

問 8　**許容できる作業遅れ日数**　【H27-2　第 5 問（5）】

図に示す，工程管理などに用いられるアローダイアグラムにおいて，クリティカルパスの所要日数に影響を及ぼさないことを条件とした場合，作業 E の作業遅れは，最大［（オ）］日許容することができる．

①　1　　②　2　　③　3　　④　4　　⑤　5

5 章　工事の設計管理・施工管理・安全管理

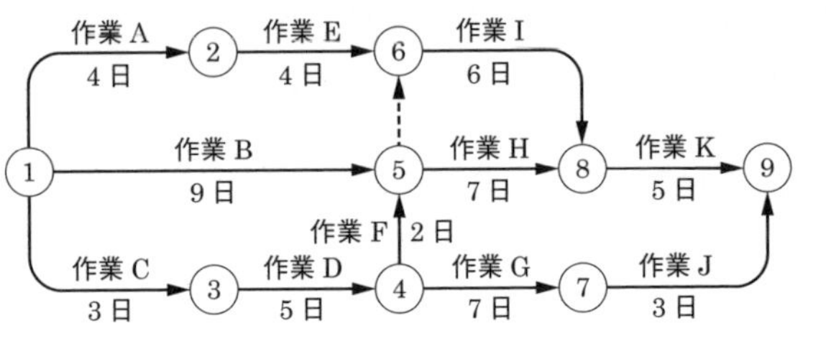

解説

設問の図のアローダイアグラムにおいて，クリティカルパスは①→③→④→⑤→⑧→⑨で，所要日数は22日です．結合点⑧における開始時刻は17日で，作業Iの日数は6日であるため，クリティカルパスの所要日数に影響を及ぼさないようにするには，作業Iは17－6＝11日までに開始すればよいことになります．また，作業Aと作業Eの日数の和は8日であるため，作業Eの余裕日数は，11日－8日＝3日となります．

クリティカルパスの所要日数に影響を及ぼさないことを条件とした場合，作業Eの作業遅れは，最大(オ)3日許容することができます．

【解答　オ：③（3)】

問9　全体の工期

【H27-1　第5問（5)】

図に示すアローダイアグラムについて述べた次の記述のうち，正しいものは，［　(オ)　］である．

① クリティカルパスの所要日数は27日である．

② 結合点（イベント）番号4における最遅結合点時刻（日数）は16日である．

③ 結合点（イベント）番号5における最早結合点時刻（日数）は15日である．

④ 作業Eが1日短縮できると，全体の工期は1日短縮できる．

⑤ 作業Bのフリーフロートは2日である．

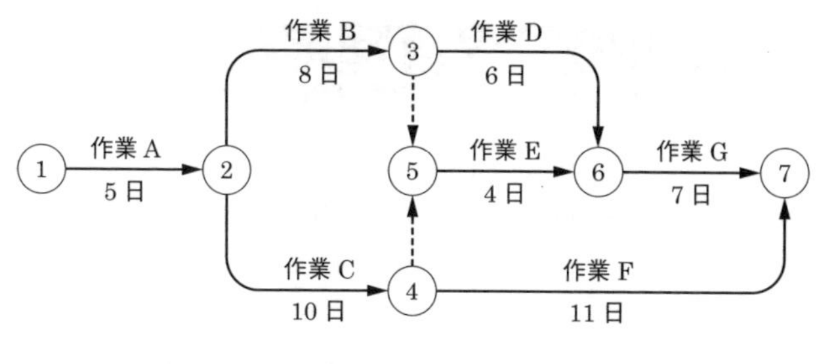

解説

・設問の図のアローダイアグラムのクリティカルパスは，①→②→③→⑥→⑦，①→②→④→⑦，①→②→④→⑤→⑥→⑦の三つで，所要日数はともに26日です（①は誤り）．

・結合点（イベント）番号4（図中の④）における最遅結合点時刻（日数）は15日です（②は誤り）．**最遅結合点時刻とは，最も遅く作業を開始できる時刻**のことで，結合点番号4（図中の④）の最遅結合点時刻は，クリティカルパスの所要日数26日から，クリティカルパス上にある作業Fの所要日数11日を引いた15日となります．

・③は正しい．**最早結合点時刻とは，最も早く作業を開始できる日数**のことです．結合点（イベント）番号5（図中の⑤）の最早結合点時刻は，作業Aと作業Bの日数の和13日と，作業Aと作業Cの日数の和15日の大きい方の日数である15日となります．

・作業Eの日数を1日短縮しても，作業Eを通らないクリティカルパス，①→②→③→⑥→⑦と①→②→④→⑦の所要日数は変わらないため，全体の工期は変わりません（④は誤り）．

・作業Bは，クリティカルパス①→②→③→⑥→⑦上にあるため，作業Bの日数を増やすことはできません．よって，作業Bのフリーフロートは0日です（⑤は誤り）．

> **POINT**
> フリーフロートとは，作業日数を増やしてもクリティカルパスの所要日数を変えずにすむ作業日数の増加分のこと．

【解答　オ：③（正しい）】

5章 工事の設計管理・施工管理・安全管理

5-4 その他の工程管理用図表

問 1	工程管理表	【H31-1 第5問 (5)】

工程管理などに用いられる図表の特徴などについて述べた次の二つの記述は，［（オ）］.

A　ネットワークによる工程管理表は，全体作業の中で各作業がどのような相互関係にあるのかを結合点や矢線などによって表すとともに，作業内容，手順，日程などを表示する.

B　バーチャートによる工程管理表は，各作業項目ごとに1本の横線で表すので，横線式工程表ともいわれ，作業間の関係が分かりやすいが，各作業の所要日数が分からない.

①　Aのみ正しい　　②　Bのみ正しい
③　AもBも正しい　　④　AもBも正しくない

解説

・Aは正しい．結合点や矢線などによって表す工程管理表として，アローダイアグラムがあります.

・バーチャートによる工程管理表は，作業項目ごとに1本の横線で表すので，横線式工程表ともいわれ，作業間の関係がわかりにくいが，各作業の日数の予定値と実績値を書き込むので，各作業の所要日数がわかる（Bは誤り）.

参考
横線式工程表として，バーチャートのほかにガントチャートがある．ガントチャートは作業項目ごとに，横軸に作業の達成率〔%〕を棒線で示した図である.

バーチャートの例を下図に示します.

作業項目	9月	10月	11月	12月	1月	2月
仕様書の作成	■					
工事計画の作成	■	■				
資材の調達		■	■			
工事の実施				■	■	■

図　バーチャートの例

【解答　オ：①（Aのみ正しい）】

問 2 **ヒストグラム** 【H30-1 第5問（4）】

JIS Q 9024:2003 マネジメントシステムのパフォーマンス改善―継続的改善の手順及び技法の指針に規定されている，数値データを使用して継続的改善を実施するために利用される技法について述べた次の二つの記述は，（エ）．

A 計測値の存在する範囲を幾つかの区間に分けた場合，各区間を底辺とし，その区間に属する測定値の度数に比例する面積を持つ長方形を並べた図は，管理図といわれる．

B 計数データを収集する際に，分類項目のどこに集中しているかを見やすくした表又は図は，チェックシートといわれる．

① Aのみ正しい　② Bのみ正しい
③ AもBも正しい　④ AもBも正しくない

解説

JIS Q 9024:2003「マネジメントシステムのパフォーマンス改善―継続的改善の手順及び技法の指針」の「7.1 数値データに対する技法」に関する問題です．

・計測値の存在する範囲を幾つかの区間に分けた場合，各区間を底辺とし，その区間に属する測定値の度数に比例する面積をもつ長方形を並べた図は，ヒストグラムといわれます（Aは誤り）．ヒストグラムの形状を下図に示します．

・Bは正しい（JIS Q 9024:2003 の 7.1.4 項より）．

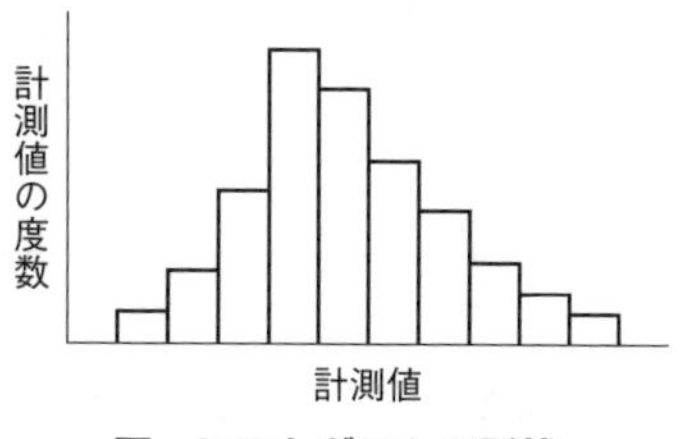

図 ヒストグラムの形状

【解答 エ：②（Bのみ正しい）】

問3	ヒストグラム	【H28-1 第5問 (4)】 ☑☑☑

JIS Q 9024:2003 マネジメントシステムのパフォーマンス改善に規定されている，継続的な改善の実施に当たって，数値データに基づき，差異，傾向及び変化に対する適切な統計的解釈を行う技法の一つであるヒストグラムの作成手順について述べたⓐ～ⓗにおいて，[　　　]内の（A）及び（B）に入るものの組合せとして，正しいものは，表に示すイ～ホのうち，[（エ）]である．

ⓐ 期間を定め，データを収集する．

ⓑ データの[（A）]を求める．

ⓒ 級（柱）の数を決定する．

ⓓ 級の[（B）]を決定する．

ⓔ 級の中心値を決定する．

ⓕ データを級によって分類する．

ⓖ ヒストグラムに表す．

ⓗ 必要事項（目的，データ数，期間，平均値，標準偏差など）を記入する．

① イ　② ロ　③ ハ　④ ニ　⑤ ホ

	(A)	(B)
イ	最大値と最小値	重み付け
ロ	管理限界	幅
ハ	標準偏差と分散	重み付け
ニ	最大値と最小値	幅
ホ	管理限界	かたより

解説

JIS Q 9024:2003「マネジメントシステムのパフォーマンス改善―継続的改善の手順及び技法の指針」では，ヒストグラムの作成手順について次のように記載しています．

ⓐ 期間を定め，データを収集する．

ⓑ データの(A) 最大値と最小値を求める．

ⓒ 級（柱）の数を決定する．

ⓓ 級の (B) 幅を決定する．

ⓔ 級の中心値を決定する．

ⓕ データを級によって分類する．

ⓖ ヒストグラムに表す．

ⓗ 必要事項（目的，データ数，期間，平均値，標準偏差など）を記入する．

よって，(A) および (B) に入るものの組合せとして，正しいものは(エ)二です．

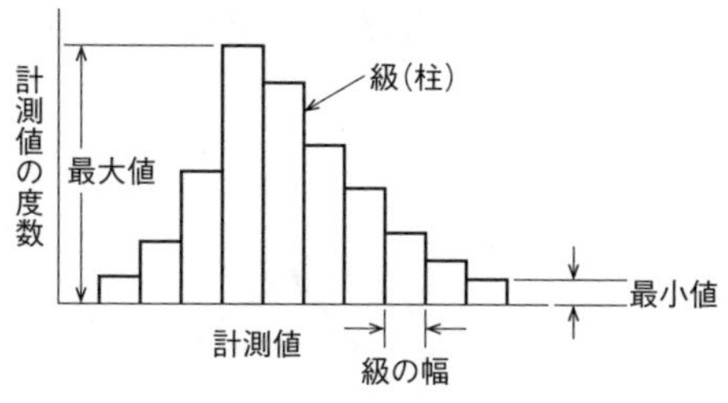

図　ヒストグラムのパラメータ

【解答　エ：④（二)】

［コラム］主な工程管理用図表

ヒストグラム以外の主な工程管理用図表について説明します．

(1) **チェックシート**：チェックシートは，**計数データを収集する際に，分類項目のどこに集中しているかを見やすくした表または図**です（JIS Q 9024 の 7.1.4 項より)．下表は装置の故障要因ごとに，使用を開始してからある期間経過後に発生した故障要因の数を示したチェックシートです．

表　チェックシートの例

部　品	1年	2年	3年	4年	5年	6年
故障要因A	3	5	0	1	2	2
故障要因B	0	0	1	3	3	6
故障要因C	0	1	0	0	2	5

(2) **管理図**：JIS Q 9024:2003 の 7.1.7 項に，「管理図」は『連続した観測値又は群にある統計量の値を，通常は時間順又はサンプル番号順に打

点した，上側管理限界線，及び／又は，下側管理限界線をもつ図である』と記載されています．

下図に管理図（シューハート管理図）の例を示します．データの特性値のばらつきが正常状態にある場合，シューハート管理図の中心線は，データの平均値になります．**特性値のばらつきの状況，大きさによって正常か異常かの判定が行われます．**特性値のばらつきの標準偏差をσ（シグマ）とすると，中心線から両側へ3σの距離にある線を「**管理限界線**」といい，データが管理限界線を超えると何らかの対策が必要となります．

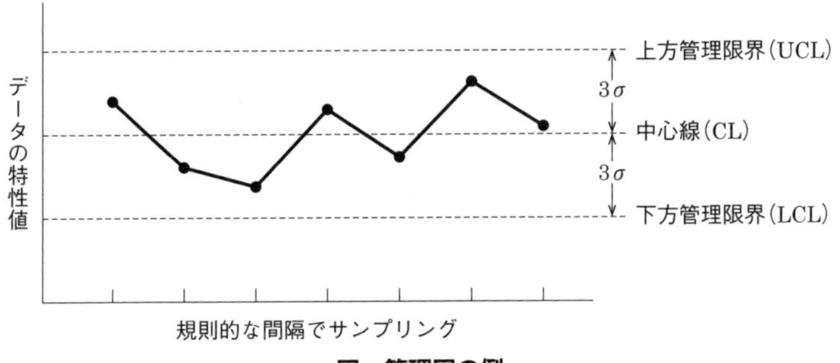

図　管理図の例

(3) **散布図**：散布図は，二つの特性の相関関係を見るために，対になった2組のデータをそれぞれ縦軸と横軸にとって，データをプロットした図です．下図は，1日のある時間帯における気温と消費電力量の相関を示す散布図です．

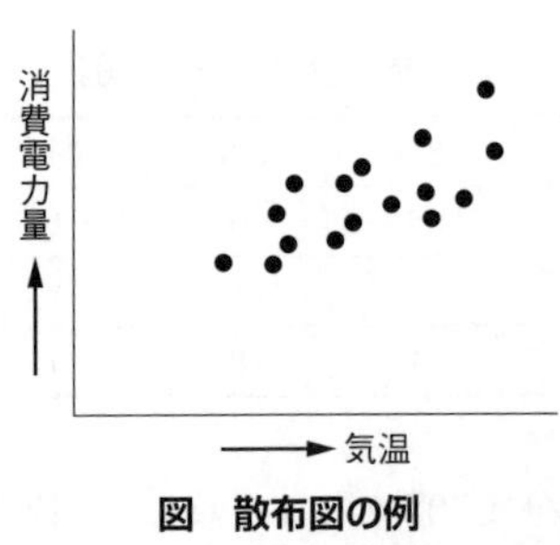

図　散布図の例

索　引

ア 行

カ 行

サ 行

タ 行

ナ 行

ハ 行

マ　行

ヤ　行

ラ　行

ワ　行

英数字

- 本書の内容に関する質問は，オーム社ホームページの「サポート」から，「お問合せ」の「書籍に関するお問合せ」をご参照いただくか，または書状にてオーム社編集局宛にお願いします．お受けできる質問は本書で紹介した内容に限らせていただきます．なお，電話での質問にはお答えできませんので，あらかじめご了承ください．
- 万一，落丁・乱丁の場合は，送料当社負担でお取替えいたします．当社販売課宛にお送りください．
- 本書の一部の複写複製を希望される場合は，本書扉裏を参照してください．

工事担任者試験
これなら受かる　第1級デジタル通信［技術及び理論］

2020年9月30日　　第1版第1刷発行

編　集　オーム社
発行者　村上和夫
発行所　株式会社 オーム社
郵便番号　101-8460
東京都千代田区神田錦町3-1
電話　03(3233)0641(代表)
URL https://www.ohmsha.co.jp/

印刷・製本　三美印刷
ISBN978-4-274-22584-0　Printed in Japan

本書の感想募集　https://www.ohmsha.co.jp/kansou/

本書をお読みになった感想を上記サイトまでお寄せください．
お寄せいただいた方には，抽選でプレゼントを差し上げます．